Imparare l'apicoltura per principianti - Dall'apicoltura al miele

Come imparare facilmente le basi dell'apicoltura, allevare le api e produrre il suo miele in pochissimo tempo.

Sabine Grass

Tutti i consigli contenuti in questo libro sono stati attentamente considerati e verificati. Tuttavia, non è possibile fornire alcuna garanzia. Si esclude pertanto qualsiasi responsabilità dell'autore o dell'editore per eventuali lesioni personali, danni alla proprietà o perdite finanziarie.

Tutti i diritti sono riservati, in particolare il diritto di riprodurre e distribuire la traduzione. Nessuna parte di quest'opera può essere riprodotta in qualsiasi forma (tramite fotocopia, microfilm o qualsiasi altro processo) o memorizzata, elaborata, duplicata o distribuita tramite sistemi elettronici senza il permesso scritto dell'editore.

CONTENUTO

Introduzione

Salve, amante della natura!

Cosa la attrae dell'apicoltura? È la prospettiva di produrre il proprio miele e di avere il delizioso prodotto naturale fresco sul tavolo della colazione ogni mattina? Oppure è il fascino dell'organismo "ape", che si distingue come un capolavoro dell'evoluzione? Forse si tratta di un mix di entrambi.

Quando avrà tra le mani questo libro, la aspetta un viaggio emozionante! Forse le prime api stanno già ronzando nel suo giardino e volano dall'alveare per raccogliere molto miele. O forse sta solo pensando di acquisire una colonia.

Questo libro le fornisce una solida conoscenza di base sull'apicoltura e sui compiti che comporta, sull'estrazione e la lavorazione del miele e infine, naturalmente, sull'ape da miele.

Che cos'è l'ape, quali sono le strutture sociali che prevalgono in una colonia di api e come lei, come essere umano, può intervenire in queste strutture per ottenere un abbondante raccolto di miele? Alla fine di questo libro sarà sicuramente in grado di rispondere a tutte queste domande e a molte altre.

Api per principianti

Se sta tenendo questo libro tra le mani, ha già imparato il primo passo verso una carriera apistica di successo. In questo primo capitolo imparerà tutto ciò che è necessario sapere sull'apicoltura prima di avere una propria colonia. Innanzitutto, si parla dell'ape e delle caratteristiche di questa specie. Poi, vengono spiegate le competenze e le qualità che un apicoltore deve possedere e imparare e, infine, viene presentata l'attrezzatura da acquistare. Quindi questo capitolo le fornisce tutte le conoscenze teoriche e le informazioni di base sulle api, l'apicoltura, la salute delle api e anche l'importanza delle api per un ambiente sano.

L'APE

Ad oggi, si conoscono oltre 500 specie di api native della sola Germania. L'ape mellifera è solo una delle tante, ma è quella che ci regala il delizioso miele. Questo capitolo è dedicato all'ape mellifera. Imparerà cosa distingue l'ape mellifera dalle altre specie di api e cosa la rende così speciale - e perché è così importante per l'apicoltura.

L'ape da una prospettiva zoologica
La zoologia è lo studio del regno animale e all'interno di questo studio tutte le forme di vita animale che camminano sulla terra sono classificate in un sistema. Ad esempio,

esiste una distinzione tra diverse classi, come insetti, mammiferi, pesci e rettili. L'ape appartiene alla classe degli insetti. All'interno di questa classe, l'ape del miele è classificata nell'ordine degli Imenotteri. All'interno di questo ordine, le api formano diverse famiglie, tra cui la famiglia delle vere api (Apidae), a cui appartiene l'ape del miele con il termine tecnico latino *Apis mellifera*. In totale, esistono circa 12.000 famiglie di api diverse in tutto il mondo.

Ciò che distingue maggiormente l'ape mellifera *Apis mellifera* dalle altre famiglie di api è che va in letargo insieme come una colonia. Almeno tra le famiglie di api native della Germania, questo avviene solo nelle api mellifere. Formano una colonia che accumula miele durante l'estate, che utilizzano per mantenere se stesse e soprattutto la loro regina sana e ben nutrita durante l'inverno.

BIOLOGIA DELL'APE MELLIFERA

Affinché lei possa comprendere correttamente l'ape e rispondere alle sue esigenze, è utile prima di tutto imparare le condizioni di questo animale e conoscerlo un po' meglio. In questo sottocapitolo, verrà trattata la biologia dell'ape da miele. Imparerà le caratteristiche anatomiche e fisiologiche dell'ape e come le singole api in un alveare comunicano tra loro.

Relazioni

La differenza maggiore tra l'ape *Apis mellifera* e le altre specie di api risiede nel loro stile di vita e nel fatto che trascorrono l'inverno insieme in un alveare. Da un punto di vista puramente esteriore, le specie di api differiscono solo leggermente l'una dall'altra. Pertanto, tutte discendono da un'originale "ape primordiale".

Le api appartengono al phylum Arthropoda. Come tali, hanno zampe divise in diversi segmenti. Altri artropodi includono scorpioni, ragni e crostacei. Inoltre, il corpo dell'ape mostra due distinte costrizioni. Ciò comporta una divisione in tre parti del corpo dell'insetto adulto (chiamato anche imago) in testa, torace e addome. Queste costrizioni contraddistinguono l'ape come appartenente alla classe degli animali con tacche (insetti). All'interno di questa classe, le api appartengono agli Imenotteri. Questa categoria comprende api, formiche, vespe e altri insetti con ali traslucide. Queste ali traslucide, di cui tutti gli Imenotteri hanno due paia, sono il segno distintivo di questo ordine.

L'ordine degli Imenotteri può essere ulteriormente suddiviso nelle vespe delle piante e nelle vespe delle api. Anche le api appartengono a quest'ultimo gruppo. All'interno del gruppo delle vespe, l'ape del miele può essere assegnata alle vespe pungenti e forma la propria superfamiglia Apoidea. All'interno degli Apoidea, si sviluppano diversi generi, tra cui l'ape *Apis mellifera*.

Imitazione dei sirfidi

Le api sono considerate utili e pericolose allo stesso tempo, in quanto secernono veleno con il loro pungiglione, che è letale per pochissimi mammiferi, ma che nella maggior parte dei casi viene percepito almeno come molto doloroso. Alcuni altri insetti approfittano di questo sano rispetto, adattando il loro aspetto a quello degli insetti più pericolosi. Questo fenomeno si chiama mimetismo e il miglior esempio è il sirfide. Questo ha un addome a strisce giallo-marrone o giallo-nero, che imita l'ape. Non si lasci ingannare da questo. Il sirfide è innocuo - e inutile per la produzione di miele.

Vita da vespa

Le api appartengono alle vespe vitali e sono caratterizzate da una chiara costrizione tra il torace e l'addome, la vita. Questa è l'origine del termine vitino da vespa, che oggi viene utilizzato per descrivere forme del corpo prevalentemente femminili.

Le vespe hanno un'altra caratteristica speciale: sono tutte dotate di un pungiglione. In questo caso, si può fare una distinzione tra due specie in termini di utilizzo del pungiglione. Le vespe ovaiole (Terebrantia) utilizzano il loro pungiglione per deporre le uova, mentre le vespe pungitrici (Aculeata), a cui appartiene anche l'ape mellifera, hanno convertito il loro pungiglione in un pungiglione di difesa con una ghiandola velenifera. Questo è anche il motivo per cui solo le femmine hanno un pungiglione di difesa - poiché si è sviluppato dal tubo ovopositore originariamente utilizzato per la deposizione delle uova. Altri rappresentanti delle vespe pungenti sono le vespe vere, le vespe d'oro e le vespe scavatrici e anche le formiche. Le vespe scavatrici e le vespe ragno utilizzano ancora il pungiglione per stordire le prede e poi trasportarle nei loro nidi come cibo per le larve.

Tuttavia, l'ape mellifera e altri rappresentanti degli insetti pungenti utilizzano il pungiglione solo per difendersi - ecco perché viene anche chiamato pungiglione difensivo. Il veleno iniettato dalla puntura è progettato per provocare dolore nell'aggressore, in modo che il piano di danneggiare le api venga rapidamente abbandonato.

Apiformes - le api

Siamo arrivati alle api da miele di oggi! Ma non solo le api appartengono agli Apiformi, ma anche i bombi, ad esempio. Ci sono api solitarie, cioè che vivono da sole, e anche specie che formano stati. L'ape del miele è l'unica specie di ape tedesca che va in letargo come colonia. La maggior parte delle specie, tuttavia, è costituita da api cosiddette solitarie che vivono completamente da sole e si occupano anche del loro nido di covata in modo indipendente. Esistono anche, simili al regno degli uccelli, le api cuculo. Come suggerisce il nome, si tratta di specie di api che depongono le uova nei nidi di covata altrui, in modo da rifornirsi anche lì. Alcune api cuculo mangiano persino le uova e le larve dell'ape ospite, in modo che l'ape ospite nutra esclusivamente le larve dell'ape cuculo.

Gli Apiformi si nutrono fondamentalmente solo di

cibo vegetale, ovvero: polline, nettare e melata. Il polline, noto anche come polline, è prodotto dalla pianta per la riproduzione sessuale. Le api utilizzano il polline come fonte alimentare ricca di proteine. Il polline si differenzia per la sua struttura superficiale a seconda della specie vegetale e quindi è possibile analizzare il polline nel miele e assegnarlo con precisione a diverse famiglie di piante, generi e persino a singole specie. La scienza dell'analisi del miele si chiama *melis-sopalinologia.*

Il nettare viene prodotto dalle piante per attirare gli insetti, che poi si occupano di diffondere il polline. Le api utilizzano questo nettare per produrre il classico miele di fiori. Il nettare è fondamentalmente un liquido zuccherino secreto da speciali ghiandole chiamate nettari. A seconda delle condizioni climatiche, del tempo prevalente e dell'ora del giorno, la quantità di nettare per fiore varia, a volte in modo considerevole.

Infine, le api si nutrono anche di melata. La melata è secreta da piccoli insetti che succhiano le piante. Si tratta principalmente di afidi, afidi della corteccia e cicale. La melata è costituita principalmente da zucchero e per questo motivo viene talvolta chiamata anche miele di foglie. La melata produce il miele di melata, chiamato anche miele di bosco. Il nettare e la melata vengono immagazzinati nella cosiddetta vescica del miele. Si tratta di una struttura simile a un raccolto sulla proboscide. Le due sostanze vengono raccolte esclusivamente dalle femmine e utilizzate per nutrire le larve. Il polline viene trasportato in modi diversi e di conseguenza le api possono essere suddivise in diverse specie. Ci sono i raccoglitori di cestini, che comprendono i bombi e le api da miele. Queste raccolgono il polline in una tasca sulle zampe posteriori. Le api raccoglitrici di zampe non hanno una tasca di questo tipo, ma attaccano il polline ai favi di setole delle zampe posteriori.

I rappresentanti di questa specie sono, ad esempio, le api pelose, le api dalle corna lunghe, le api dalle corna a sega e le api cosce e pantaloni. La specie successiva è chiamata collettore addominale. Hanno una tasca sull'addome, paragonabile a quella dei raccoglitori a coppa, in cui possono conservare il polline in modo sicuro. Tra queste ci sono le api tagliatrici di foglie e le api mortaio. Infine, ci sono le api coltivatrici, che non trasportano il polline all'esterno, ma lo immagazzinano internamente in una coltura. Le api gozzatrici sono esclusivamente api solitarie, come le specie autoctone api della seta e api mascherate.

Le api da miele

Tra le api da miele, non esiste solo la specie *Apis mellifera*, l'ape da miele occidentale. Sono invece 9 le specie di api mellifere conosciute in tutto il mondo. L'ape mellifera occidentale è l'unica specie di ape mellifera autoctona in Europa e anche la specie con la maggiore importanza per l'apicoltura. Originaria dell'Europa, dell'Africa e del Vicino Oriente, l'ape occidentale è stata diffusa in tutto il mondo dall'uomo. Solo in Asia l'ape orientale (*Apis cerana*) viene utilizzata anche per l'apicoltura.

L'ape occidentale può essere suddivisa in diverse sottospecie, che sono state influenzate dall'uomo attraverso l'allevamento. Questo ha portato a circa 25 razze diverse, di cui principalmente **quattro razze** sono utilizzate **per l'apicoltura in** Germania:

- **Carnica**: ape carinziana; *Apis mellifera carnica*

- **Ligustica**: ape italiana; *Apis mellifera ligustica*

- **Mellifera**: ape europea scura; *Apis mellifera mellifera*

- **Buckfast**: ibrido di allevamento da razze diverse

Suggerimento: se desidera acquistare la sua prima colonia di api, dovrebbe scegliere una colonia che proviene dalla stessa regione in cui desidera tenerla. Accoppiando diverse colonie di api nelle immediate vicinanze, si sviluppa nel tempo una "razza" separata, la cosiddetta landrace. Questa è adattata in modo ottimale al clima e alle condizioni locali della sua terra d'origine e di solito forma colonie più stabili e più sane.

ANATOMIA - LA STRUTTURA DEL CORPO DELL'APE DA MIELE

Il peso di una singola ape da miele è di appena 0,1 grammi. La sua anatomia, la sua struttura corporea, è altamente filiforme e leggera, in modo da poter rimanere in aria senza grande sforzo. Allo stesso tempo, è stabile e robusta per poter trasportare un carico utile pari al 50% del suo peso corporeo. Un'ape può trasportare fino a 0,05 g di nettare e volare per diversi chilometri fino all'alveare.

Una vera e propria impresa che l'ape è in grado di compiere grazie alla sua speciale anatomia. In quanto insetto, l'ape presenta le classiche costrizioni e la triplice divisione del corpo in testa (latino caput), torace (latino thorax) e addome (latino abdomen).

Anatomia esterna: guscio del corpo, ali e zampe.
Un'ape deve affrontare diversi problemi nel corso della sua vita: Deve volare e allo stesso tempo essere abbastanza leggera da poter sopportare il peso del trasporto, oltre al proprio peso. Deve essere agile e scattante per muoversi nei confini dell'alveare. E deve essere in grado di arrampicarsi su terreni accidentati e su pareti verticali, in questo caso per lo più favi di miele.

Le zampe dell'ape sono attaccate al centro di gravità insieme alle ali per una migliore aerodinamica. Il guscio del corpo è formato da un esoscheletro. Questo guscio esterno stabilizza il corpo dell'insetto e gli dà la forma. Simile a quello che fa lo scheletro dei mammiferi, solo dall'esterno. I muscoli e gli organi si trovano tutti all'interno di questo esoscheletro. Per essere particolarmente leggera e quindi in grado di volare, la struttura è costituita da un composito di fibre di chitina con proteine strutturali. L'involucro di chitina trae la sua stabilità dalla sua struttura: è disposta a costole e pieghe ed è quindi resistente e dura, ma allo stesso tempo particolarmente leggera. La chitina è un polisaccaride, uno zucchero multiplo che si trova naturalmente nei funghi, negli artropodi come gli insetti e i molluschi, nonché in alcune specie di pesci. È paragonabile alla cellulosa, che conferisce alle piante una certa stabilità. La chitina, ad esempio, offre una stabilità simile. Questa è addirittura significativamente superiore alla stabilità della cellulosa, grazie a un gruppo acetammidico contenente azoto.

L'ape del miele ha sei zampe, tutte dotate di piccoli artigli all'estremità. La moltitudine di zampe e i barbigli consentono alle api di attraversare anche i terreni più impervi in modo sicuro ed efficace.

Api

Le diverse api da miele sono chiamate creature apistiche, che sono anatomicamente diverse tra loro. In un alveare di api mellifere occidentali ce ne sono tre: i fuchi con i loro occhi particolarmente grandi, la regina, che si distingue per un addome nettamente più lungo, e le operaie.

Le operaie, come prototipo delle api, sono universalmente equipaggiate. Costituiscono la parte più grande della popolazione di api di una colonia e sono tutte femmine, ma con un apparato sessuale inattivo. Questa è la principale differenza tra un'ape operaia e la regina.

L'anatomia esterna della regina è molto simile a quella di un'operaia e si differenzia solo per le ovaie attive e le speciali ghiandole odorose. Nello stato di accoppiamento, quando inizia la produzione di uova, l'addome della regina si gonfia notevolmente e ora può essere facilmente distinta dalle operaie dall'esterno. Le ghiandole odorose della regina secernono feromoni speciali che sono importanti per la colonia. Rafforzano la coesione e forniscono la base per il coordinamento di tutto il lavoro nell'alveare. I feromoni sono profumi e attrattori speciali e vengono utilizzati per la comunicazione generale e speciale. Pertanto, alcuni feromoni della regina possono influenzare il comportamento delle api. La regina utilizza i suoi feromoni come strumento per dirigere la sua colonia.

Il fuco è l'ape maschio. Il suo unico compito è quello di accoppiarsi con la regina e contribuire così alla sopravvivenza della colonia. Non ha pungiglione e ha ali più grandi delle operaie per volare più velocemente e tenere il passo della regina. Per l'accoppiamento durante il volo nuziale, possiede speciali cuscinetti di pelo sulle zampe posteriori, con i quali è in grado di trattenere la regina in volo. Per percepire i feromoni della regina in modo particolarmente sensibile, le antenne dei fuchi sono più lunghe e dotate di un maggior numero di cellule sensoriali rispetto a quelle delle operaie. E probabilmente la caratteristica più sorprendente sono i grandi occhi del fuco, che sono accompagnati da una visione eccellente, in modo che il fuco possa percepire senza dubbio l'ape regina anche a grande distanza e proseguire il suo lavoro.

Il caput dell'ape da miele - la testa

La prima parte del corpo tripartito è la testa. Si tratta del centro di controllo sovraordinato e della sede della maggior parte degli organi sensoriali. Gli insetti non hanno un cervello come quello conosciuto dai mammiferi e dagli esseri umani. Invece, nella testa si trovano diversi grandi nodi nervosi, i cosiddetti gangli, che insieme hanno la funzione di un cervello. I tratti nervosi in uscita e in entrata assicurano che l'ape sappia sempre esattamente cosa sta succedendo nel suo corpo e possa controllare consapevolmente tutti i movimenti muscolari.

Sul lato della testa si trovano due grandi occhi composti. Ognuno di questi è costituito da diverse migliaia di occhi singoli (chiamati ommatidi), che permettono all'ape di vedere forme e movimenti complessi. Ogni ommatidio è composto da una lente e da cellule sensoriali, quindi è un occhio minuscolo che è completamente funzionale da solo. Gli occhi sono immobili, percepiscono solo una piccola parte dell'ambiente e inviano le informazioni al centro gangliare, dove le informazioni di tutti gli ommatidi vengono messe insieme. In questo modo, molte immagini individuali diventano una griglia che rappresenta l'ambiente. Con gli occhi composti, le api possono percepire molto bene i movimenti e anche nel volo veloce, l'ambiente viene visualizzato in modo nitido, ma con una certa perdita di dettagli. I dettagli possono essere visualizzati dagli occhi composti solo quando si trovano nelle immediate vicinanze.

Frontalmente sulla fronte si trovano tre occhi singoli, chiamati ocelli. Gli ocelli possono essere visti solo guardando l'ape da molto vicino, il loro diametro è di pochi millimetri. Non sono nemmeno grandi come una capocchia di spillo e sono anche seminascosti dalle setole della testa dell'ape. Gli ocelli contengono ciascuno diverse centinaia di cellule che percepiscono la luce. Le grandi lenti focalizzano anche le più piccole quantità di luce, il che sottolinea lo scopo degli ocelli come organo di percezione della luce. L'ape ha un orologio interno particolarmente affidabile grazie agli ocelli.

Anche le antenne emergono dal lato della testa. Ai profani piace chiamarle antenne, ma il termine antenne è anatomicamente corretto. Le antenne permettono alle api di annusare e sentire e di percepire le vibrazioni tutt'intorno. Le antenne sono costituite da segmenti corti, in numero di 10. Ogni singolo segmento è costituito da un breve tubo rivestito in modo molto sottile di chitina. All'interno ci sono innumerevoli cellule nervose per la percezione sensoriale. Inoltre, all'interno dei segmenti ci sono dei vasi che contengono l'emolinfa, il sangue dell'insetto, oltre a piccole trachee che appartengono al sistema tracheale, che fa parte del sistema respiratorio dell'insetto.

Oltre alle cellule sensoriali e alle fosse sensoriali distribuite sulle antenne, ci sono anche piccole setole tattili per percepire gli stimoli ambientali e comunicare tra loro. Le api possono muovere attivamente le antenne indipendentemente l'una dall'altra e quindi le utilizzano universalmente. Sono anche importanti per lo scambio sociale. Qui, le api nutrici palpano il corpo della regina e durante l'alimentazione sociale, le operaie mantengono il contatto attraverso le antenne. Se questo contatto si interrompe, termina anche l'alimentazione sociale.

I fuchi hanno una caratteristica speciale nelle loro antenne. Hanno un arto in più rispetto alle operaie e alla regina. Le antenne dei fuchi sono composte da undici arti ciascuna. In questo modo, i fuchi sono particolarmente attrezzati per percepire il feromone della regina. Un'altra caratteristica distintiva è che le antenne dei fuchi maschi non hanno setole tattili.

L'ape non ha una bocca come quella dei mammiferi. Invece, ha una proboscide che serve per assumere nettare e melata, oltre all'acqua. La melata non viene aspirata direttamente, ma tamponata. Per farlo, l'ape utilizza la punta della sua proboscide, che viene chiamata cucchiaio. La proboscide è un'altra caratteristica che distingue la regina dall'ape operaia; quest'ultima ha una proboscide più lunga per raggiungere il nettare in fondo al fiore. Le api possono assaggiare in modo eccellente con la loro proboscide, che contiene numerose cellule sensoriali chimiche. La proboscide è anche coinvolta nell'alimentazione sociale (trofallassi). Qui raccoglie la goccia di cibo presentata dall'ape operaia tra le sue mandibole. Oltre alla proboscide, ha due mascelle, le mandibole. Con queste, può raccogliere i componenti solidi del suo cibo - il polline. Le mandibole vengono utilizzate anche per formare la cera per la costruzione del favo e per pulire le celle di covata.

L'ape ha diverse ghiandole sulla testa che agiscono in modo esocrino o endocrino. Le ghiandole esocrine secernono secrezioni verso l'esterno. La ghiandola salivare, le ghiandole mandibolari e le ghiandole bottinatrici sono ghiandole esocrine dell'ape. Le ghiandole endocrine rilasciano le loro secrezioni verso l'interno, nella traccia dell'emolinfa. Qui l'ape ha due ghiandole endocrine, chiamate *Corpora cardiaca* e *Corpora allata*.

L'emolinfa è un fluido che corrisponde approssimativamente al sangue che scorre nelle vene dei mammiferi e degli uccelli. La sua funzione è quella di trasportare sostanze nutritive, ormoni e prodotti di degradazione. Una differenza importante rispetto al sangue è che l'emolinfa non trasporta quasi ossigeno, motivo per cui non ha bisogno di alcun pigmento sanguigno. La distribuzione dell'ossigeno avviene invece attraverso il sistema tracheale.

Il torace dell'ape da miele - petto

Questo è il secondo segmento del corpo dell'insetto. Nell'ape, è il segmento con la massa muscolare più grande. Qui si trovano i muscoli del volo, che occupano la maggior parte dello spazio nel torace. I muscoli del volo sono muscoli che lavorano indirettamente - non sono direttamente collegati alle ali. Tra di loro c'è il carapace chitinoso, l'esoscheletro. I muscoli si attaccano a questo esoscheletro dall'interno e lo deformano in modo che le ali si muovano di conseguenza all'esterno. Le ali sono incernierate all'esoscheletro, il che comporta un effetto leva che amplifica ulteriormente i movimenti muscolari, in quanto piccoli movimenti sull'esoscheletro del torace si traducono in grandi movimenti delle ali.

Le api hanno due paia di muscoli di volo. I muscoli dorsoventrali vanno da dorsale (il lato dorsale del torace dell'ape) a ventrale (il lato ventrale del torace dell'ape) e, quando vengono contratti, provocano una leggera contrazione del torace. Questo si traduce in un battito d'ali.

Inoltre, c'è la coppia di muscoli longitudinali che corrono longitudinalmente nel torace - dalla parte anteriore a quella posteriore. Quando questi muscoli si contraggono, il torace si restringe nel suo diametro trasversale e si incurva leggermente verso l'alto. Questo si traduce in un battito d'ali.

Grazie al collegamento articolato delle ali al torace, è possibile per l'ape attaccarle al corpo. Nello stato attaccato, la contrazione dei muscoli dorsoventrali e dei muscoli longitudinali non si traduce in un battito d'ali. Tuttavia, poiché il movimento muscolare produce sempre calore, le api possono produrre calore muovendo attivamente i muscoli di volo nell'alveare, senza dover effettivamente volare. Questo tipo di regolazione del calore nell'alveare è utilizzato in modo specifico dalle api nei mesi invernali e in primavera, quando inizia la covata.

Come imenottero, l'ape ha due paia di ali, le ali anteriori e le ali posteriori. In volo, tuttavia, può collegarle tra loro con una sorta di chiusura in velcro, in modo che entrambe le ali agiscano aerodinamicamente come un'unica ala. L'ape può deliberatamente rompere questo collegamento, ad esempio quando le ali sono inutilizzate sul corpo e anche per manovre più precise quando entra nell'alveare o si avvicina a un fiore. Le ali sono costruite in modo particolarmente leggero. Le cosiddette reti di chitina assicurano la stabilità delle ali e la pelle delicata e traslucida della chitina si estende tra queste reti. Nel bozzolo, le ali sono ripiegate in piccolo. Subito dopo la schiusa, si aprono e le ragnatele di chitina si riempiono d'aria.

Poco dopo, le ragnatele si irrigidiscono, il che conferisce alle ali la loro stabilità.

Il modello di ragnatele e nodi sulla superficie delle ali permette di differenziare le diverse razze di api. Le ragnatele dividono le ali in singole cellule, che possono essere differenziate in cellule radiali, cellule cubitali e cellule discali. Le api da miele hanno tre cellule cubitali, dal cui rapporto di lunghezza si può ricavare l'indice cubitale. Questo indice varia a seconda della razza di api.

Le zampe dell'ape da miele sono disposte in tre paia - come le paia di zampe di tutti gli insetti adulti. Poiché ogni coppia di zampe svolge compiti specifici, di solito si distinguono per piccole caratteristiche anatomiche. Oltre alla locomozione, le zampe servono alle api anche per arrampicarsi. Per trovare un punto d'appoggio sulle superfici lisce, le api hanno dei piccoli lobi adesivi su ciascun arto dell'artiglio. Fondamentalmente, le zampe sono costruite in diversi segmenti: Coxa (anca), Trocantere (anello della coscia), Femore (coscia), Tibia (stecca), Tarso (piede). Il tarso a sua volta è composto da diversi arti. L'arto dell'artiglio con il lobo adesivo è chiamato pretarso nell'ape.

Le zampe anteriori, il primo paio di zampe, sono utilizzate anche per la toelettatura e le api costruttrici, in particolare, le usano molto regolarmente quando costruiscono i favi. Le usano per far passare piccole palline di cera dall'addome in avanti verso le mandibole. Per la toelettatura, ci sono delle feritoie sul tallone e uno speciale spuntone sulla tibia (stecca). Questa disposizione crea una piccola apertura che viene utilizzata per rimuovere i corpi estranei dalle antenne. In particolare, spesso si tratta di piccoli grani di polline che si attaccano alle cellule sensoriali dell'antenna.

Le zampe posteriori, il terzo paio di zampe, sono particolarmente adatte per distinguere tra operaie, fuchi e api regine, poiché qui si trovano caratteristiche anatomiche speciali a seconda del compito. Le api operaie hanno le loro tasche di raccolta del polline, chiamate anche mutandine, su questo paio di zampe. Il fuco ha delle setole speciali come cuscinetti adesivi sulle zampe posteriori, con le quali si aggrappa alla regina in volo, in modo da poter effettuare l'accoppiamento indisturbato.

L'addome dell'ape da miele - addome

Dall'esterno, l'addome sembra poco appariscente. È a bande giallo-marroni e reca, almeno nelle api femmine, la spina dorsale. All'interno, offre spazio alla maggior parte degli organi interni delle api. Di conseguenza, ci sono piccole aperture sull'addome dell'ape, i cosiddetti stigmi. Il sistema respiratorio ha delle aperture sull'addome, così come l'ano, gli organi sessuali e le ghiandole speciali.

L'esoscheletro dell'addome ha una struttura segmentale, le singole placche chitinose sono collegate muscolarmente tra loro. Questo rende l'addome particolarmente mobile ed elastico. L'ape può quindi piegare l'addome in tutte le direzioni, anche per poter utilizzare sempre il suo pungiglione di difesa esattamente dove serve. Le operaie e la regina hanno sei segmenti addominali, mentre i fuchi hanno sette segmenti. I singoli segmenti sono costituiti da una piastra dorsale (il tergite) e da una piastra addominale (lo sternite). Questi sono collegati dalle pelli dei fianchi (pelle intersegmentale). Ogni segmento è interconnesso da membrane intersegmentali. Questi inserti intermedi elastici tra le placche dure di chitina sono necessari per consentire all'addome di espandersi nella sua circonferenza.

I muscoli dell'addome vengono utilizzati per stringere e allentare ritmicamente il sistema e per eseguire un movimento di pompaggio. Questo movimento di pompaggio è importante per la respirazione, in quanto il sistema tracheale può solo trasportare passivamente l'aria, ma non aspirarla attivamente come fanno i polmoni dei mammiferi. Anche il riempimento e lo svuotamento della vescica del miele avviene tramite le contrazioni. La vescica del miele serve a conservare il nettare e la melata. La maturazione del miele inizia già qui. L'ape operaia raccoglitrice ne rilascia una parte nell'alveare, ne utilizza una parte per la propria alimentazione e una terza parte per l'alimentazione sociale (trofallassi). Tutte le api dell'alveare hanno una vescica del miele di dimensioni approssimativamente uguali. Non solo il livello di riempimento della vescica del miele può cambiare, ma anche il corpo adiposo - un organo approssimativamente paragonabile al fegato - può variare di dimensioni. Pertanto, l'elasticità dell'addome è particolarmente importante. Il corpo adiposo immagazzina i carboidrati e può accumulare grassi dallo zucchero, quando necessario. È anche il fornitore dei mattoni di cui le api hanno bisogno per costruire la cera d'api. Nella regina, l'addome raddoppia di volume, poiché le ovaie si gonfiano per ospitare la massiccia produzione di uova.

Nella parte inferiore dell'addome, sul lato delle placche dello sternite, si trovano le ghiandole della cera. Queste non sono percepibili quando sono inattive. Diventano attive nelle api costruttrici. Qui la posizione delle ghiandole può essere compresa molto bene. Le otto ghiandole si trovano a coppie sul lato esterno del segmento dal terzo al sesto. Le ghiandole terminano con gli specchietti di cera. Si tratta di superfici lisce disposte a coppie. Su queste superfici le gocce di cera secrete si induriscono in piastrine di cera. Queste vengono spinte all'indietro. Questo processo è chiamato "sudorazione della cera". A questo punto, la piastrina di cera finita viene passata in avanti alla prima coppia di zampe e impastata dalle mandibole fino a raggiungere la consistenza desiderata per essere utilizzata in nuovi pettini, pareti cellulari o coperture cellulari.

Il pungiglione di difesa dell'ape è probabilmente la parte del corpo che tutti, amanti delle api o meno, conoscono bene. L'apparato pungente si trova all'estremità posteriore dell'addome ed è composto da una vescica velenifera, dai muscoli del pungiglione, da due ghiandole e dal pungiglione stesso. A causa dei piccoli barbigli presenti sul pungiglione, questo rimane incastrato nella pelle degli esseri umani o degli animali dopo una puntura. L'intero apparato velenifero viene strappato, la vescica velenifera rimane sul pungiglione e può svuotarsi completamente nell'aggressore. Un apparato velenifero strappato significa morte certa per l'ape. Di solito questo accade solo quando vengono punti i mammiferi, che hanno una pelle spessa in cui i pungiglioni si incastrano. Se l'ape colpisce un altro insetto con il suo pungiglione, i barbigli non fanno presa e l'ape sopravvive.

La produzione di veleno inizia già al terzo giorno di vita e raggiunge il suo apice intorno al 15° giorno di vita. La vescica del veleno contiene 0,1 mg di veleno in questo momento. Ora l'ape operaia diventa una guardia. Una volta svuotata, la vescica velenifera non si riempie più. Poiché il pungiglione si è evoluto evolutivamente dal tubo di deposizione, solo le femmine hanno un pungiglione.

Infine, è necessario spiegare brevemente la ghiandola di Nassanoff. Si tratta di una ghiandola a feromoni utilizzata da speciali api tracciatrici. Le api tracciatrici indicano alle altre api la strada per raggiungere nuove fonti di miele o un nuovo alveare. Il feromone viene rilasciato e diffuso tramite la puntura. A tal fine, l'ape tracciatrice si trova davanti al foro di volo, solleva l'addome e tira indietro le ultime due scaglie dorsali (tergite). Questo espone il condotto escretore della ghiandola di Nassanoff. A questo punto l'ape inseguitrice sbatte violentemente le ali e l'odore specifico della sua colonia si mescola con il feromone della ghiandola di Nassanoff. Si ottiene così un cocktail di odori specifici della colonia che le api possono seguire.

FISIOLOGIA DELL'APE DA MIELE

La fisiologia è lo studio dei processi negli organi del corpo, fino ai processi nelle singole cellule. Comprende quindi tutto ciò che avviene all'interno del corpo. I vari circuiti di regolazione e i sistemi di organi lavorano a stretto contatto per mantenere l'omeostasi. L'omeostasi è l'equilibrio che prevale nel corpo. Se questo equilibrio si sbilancia, l'organismo si ammala e può persino morire, se i meccanismi regolatori propri dell'organismo non riescono a correggere lo squilibrio. Importanti per questa omeostasi interna sono, tra le altre cose, il sistema nervoso, il sistema ormonale, il tratto digestivo con gli organi interni collegati e i feromoni che agiscono sull'ape dall'esterno, secreti, ad esempio, dalla regina o da altre api nell'alveare.

Assunzione di cibo e digestione

Come gli esseri umani, le api hanno bisogno di nutrienti essenziali che il loro organismo non può produrre da solo. Devono quindi ottenere questi minerali e vitamine dal cibo. Solo il cibo vegetariano è adatto alle nostre api da miele. Raccolgono nettare, melata e polline. Identicamente alla fisiologia nutrizionale degli esseri umani, le api hanno bisogno di carboidrati, grassi e proteine per il loro metabolismo energetico e per costruire il proprio corpo. Il polline è il fornitore di proteine per eccellenza, mentre il nettare e la melata contengono principalmente zuccheri, ossia carboidrati. A seconda della specie vegetale, il polline contiene circa il 20% di proteine, che consistono in singoli aminoacidi; le grandi macromolecole proteiche vengono scomposte dal sistema digestivo delle api in queste singole monomolecole di aminoacidi. L'ape utilizza poi gli aminoacidi rilasciati altrove.

L'ape ha bisogno di grassi solo in quantità insignificanti, che sono coperti anche dal polline. Il nettare e la melata non contengono grassi, ma questo non è un problema per l'ape, perché può sintetizzare i grassi nel suo corpo adiposo. Per farlo, utilizza i carboidrati, che possono essere convertiti in acidi grassi nel corpo adiposo attraverso diversi passaggi intermedi. Questi vengono immagazzinati nel corpo come grasso di deposito e possono essere convertiti in energia nei momenti di bisogno.

Oltre ai carboidrati, ai grassi e alle proteine, anche i minerali e le vitamine sono sostanze vitali per le api. Vengono assorbiti attraverso il nettare e la melata, che contengono sali e oligoelementi. Il polline contiene vitamine, acidi grassi essenziali e altri minerali e oligoelementi. Inoltre, il polline contiene alcune sostanze vegetali secondarie di cui la pianta ha bisogno per se stessa. Queste sostanze vegetali secondarie sono spesso utilizzate nella medicina naturopatica per ottenere vari effetti, come l'antinfiammatorio, la disintossicazione e la protezione dai radicali liberi. Il processo di digestione del nettare e della melata raccolti inizia già nella proboscide e nel raccolto dell'ape, dove viene immagazzinato per il volo di ritorno. Qui, gli enzimi digestivi della saliva dell'ape si uniscono alla miscela di nettare e melata e iniziano a scomporre i carboidrati. Nel nettare e nella melata, i carboidrati sono per lo più presenti come disaccaridi. Un disaccaride è

costituito da due zuccheri semplici che sono biochimica-
mente accoppiati tra loro. Il compito degli enzimi digestivi
è quello di sciogliere questo legame biochimico. Questo
crea gli zuccheri singoli, i cosiddetti monosaccaridi, glucosio e fruttosio. La digestione delle proteine inizia solo
nell'intestino medio dell'ape. Qui il polline viene mescolato con enzimi progettati per scomporre le proteine.

Vegetariani puri?

Le api si nutrono quasi esclusivamente di prodotti vegetali, o delle escrezioni degli afidi, la melata. Tuttavia, capita
spesso che le larve nelle celle di covata si ammalino e
muoiano. Queste larve morte di solito non vengono semplicemente buttate fuori dall'alveare - a meno che non
muoia un gran numero di larve in una volta sola - ma
servono come preziosa fonte di proteine e vengono man-
giate dalle operaie.

La bolla di miele

Ha già sentito parlare della coltura che le api utilizzano
come deposito temporaneo di nettare e melata. Questa
coltura ha il nome tecnicamente corretto di "vescica del
miele". Come estensione dell'esofago, la vescica del miele
si trova all'estremità nella parte anteriore dell'addome. È
qui che il nettare e la melata vengono immagazzinati e
mescolati con gli enzimi digestivi delle ghiandole della
linfa (le ghiandole ipofaringee), in modo che la prediges-
tione dello zucchero e il processo di maturazione in miele
possano iniziare qui. Le ghiandole ipofaringee si trovano
a coppie nella testa delle operaie, mentre sono poco svi-

luppate nella regina e nei fuchi. La loro attività raggiunge il massimo durante il periodo in cui sono api nutrici. Solo in questo periodo le api producono una secrezione di alta qualità per nutrire la covata e la regina (la pappa reale).

La vescica del miele contiene circa 0,05-0,06 millilitri, che corrisponde a circa il 50% del peso dell'ape stessa. Si tratta quindi di veri e propri vettori di carico. Tornata all'alveare, l'ape decide cosa fare con il contenuto della sua vescica del miele. Può digerirlo (parzialmente) da sola e utilizzarlo come fonte di cibo. Per farlo, apre una valvola sul retro della vescica del miele, il cosiddetto proventricolo, che collega la vescica del miele con l'intestino medio. Nella maggior parte dei casi, tuttavia, pompa il contenuto direttamente in una cellula di miele per creare una riserva di cibo. La terza possibilità è quella di utilizzare il succo per l'alimentazione sociale (trofallassi).

Il sistema endocrino

Il componente principale del sistema ormonale è costituito dalle ghiandole endocrine dell'ape, che secernono gli ormoni all'interno del corpo e quindi ne assicurano la distribuzione in tutto l'organismo dell'ape. Ciò avviene rilasciando gli ormoni nell'emolinfa. Gli ormoni sono considerati sostanze messaggere e mediano vari processi all'interno del corpo dell'ape.

Le ghiandole ormonali più importanti nell'ape sono i corpora cardiaca e i corpora allata. Il corpo cardiaco accoppiato si trova direttamente dietro il cervello e può immagazzinare gli ormoni sintetizzati e produrre i propri ormoni. Gli ormoni di questa ghiandola hanno il compito di stimolare altre ghiandole endocrine e di regolare la muta. La regina ha corpi cardiaci più sviluppati rispetto al fuco e all'operaia.

I corpi allati sono una serie di ghiandole più piccole ai lati dell'esofago, il cui compito è produrre ormoni per lo sviluppo generale e larvale fino alla metamorfosi. Nella regina, assumono la produzione di ormoni sessuali, assicurano la produzione di tuorlo e la maturazione delle uova nelle ovaie.

Ghiandole esocrine - ghiandole del veleno, ghiandole del profumo e ghiandole della cera.
Oltre alle ghiandole della cera e del veleno già descritte e alla ghiandola del feromone (ghiandola di Nassanoff), ci sono anche due ghiandole esocrine, cioè ghiandole che rilasciano la loro sostanza messaggera all'esterno, che sono di grande importanza, soprattutto nella regina.

Si tratta della ghiandola del tergite, che produce feromoni specifici della regina, e delle ghiandole mandibolari, che mescolano la sostanza regina. Si tratta di una miscela di circa 30 sostanze diverse. Le api nutrici ingeriscono la secrezione durante la pulizia della regina, causando la contrazione delle loro ovaie. Questo assicura che la regina rimanga il capo indiscusso della colonia di api.

Ormoni e feromoni - un sistema strettamente coordinato
L'alveare è composto da una grande colonia di api, ope-

raie di tutte le età e mansioni, fuchi e una regina. L'insieme è chiamato ape. Quest'ape deve funzionare in modo eccellente per garantire la propria sopravvivenza. Affinché ogni singola ape sappia esattamente cosa fare, gli ormoni e i feromoni sono indispensabili e forniscono un'eccellente forma di comunicazione, unica in questa complessità del regno animale.

Oltre agli ormoni che agiscono internamente e ai feromoni che agiscono esternamente, ci sono anche i cosiddetti kairomoni. Anche queste sono sostanze messaggere che provengono dalle api, ma sono percepite da altre specie. Un esempio lampante è l'acaro varroa, un parassita dell'apicoltura. Gli acari della varroa possono percepire i kairomoni e leggere da essi quali celle di covata saranno presto coperte e in quale cella di covata c'è la covata dei fuchi.

Escrementi e urina delle api

Le api non hanno reni che filtrano il sangue ed eliminano i prodotti metabolici di scarto, come nei mammiferi. Invece, le api hanno i vasi malpighiani. Si tratta di tubi che si aprono nel retto, nei quali i prodotti finali del metabolismo vengono scaricati mediante processi di trasporto attivo. Il primo e più importante è l'urea. L'urea si forma durante la disintossicazione dell'ammoniaca, che viene prodotta in ogni organismo durante il metabolismo delle proteine. Insieme ai residui di polline indigeribili, l'urea non disciolta viene poi espulsa con la vescica fecale.

Il corpo grasso

Come ha già potuto leggere nel capitolo sull'anatomia, il corpo adiposo è paragonabile nella sua funzione al fegato degli organismi mammiferi. È un organo metabolico centrale di tutti gli insetti e funge da riserva di sostanze nutritive. Quindi, il corpo adiposo può smontare le sostanze e utilizzarne i componenti per sintetizzare altre sostanze.

L'organo si trova nell'addome, è composto da diversi lobi ed è circondato da emolinfa. La lobatura aumenta la superficie metabolicamente attiva dell'organo e quindi aumenta l'efficienza. Un corpo adiposo grande significa che c'è un'abbondante disponibilità di cibo. Un corpo grasso piccolo e stretto significa che l'ape si nutre delle proprie riserve corporee. L'immagazzinamento dei nutrienti avviene principalmente in autunno. Queste vengono utilizzate in primavera, quando inizia la stagione riproduttiva.

Il corpo adiposo immagazzina glicogeno, uno zucchero multiplo, cioè un carboidrato, oltre a grassi e proteine. La larva si nutre di questi depositi anche durante la metamorfosi, poiché non è possibile assumere cibo dall'esterno.

Un altro compito importante del corpo adiposo è la produzione di grassi per il proprio approvvigionamento. I grassi si trovano solo in tracce nella dieta delle api, quindi i precursori simili ai grassi necessari per costruire la cera d'api devono essere prodotti dall'ape stessa. Questo avviene grazie al corpo adiposo che produce acidi grassi dai carboidrati e poi li combina con gli alcoli per formare gli esteri. Le api costruttrici, in particolare, hanno un corpo adiposo molto attivo, poiché sono impegnate a costruire 24 ore su 24 nel periodo da aprile a luglio. In questo periodo, l'offerta di cibo è solitamente abbondante, quindi lo zucchero di cui hanno bisogno è facile da portare sotto forma di nettare e melata.

Il sistema tracheale per la respirazione

Le api non hanno polmoni, e anche altri insetti mancano completamente di questo sistema di scambio d'aria dei mammiferi. Inoltre, l'ossigeno non viene trasportato nel sangue legato all'emoglobina, ma è completamente indipendente dal "sistema sanguigno" delle api - l'emolinfa.

Invece, gli insetti hanno il cosiddetto sistema tracheale per la respirazione. Si tratta di tubi rinforzati con chitina che si diramano in tutto il corpo e terminano a fondo cieco nei tessuti. Le quattro aperture respiratorie, gli stigmi, si trovano a destra e a sinistra nei tergiti (piastre dorsali) del torace e dell'addome. Gli stigmi conducono attraverso una piccola gabbia in una breve trachea, che termina poi in un sacco d'aria nell'addome. Ciò significa che nell'addome c'è un sacco d'aria a destra e a sinistra, dal quale il sistema tracheale si dirama nei tessuti.

Organi sensoriali dell'ape da miele

I sensi dell'ape da miele funzionano in modo completamente diverso da quello che lei conosce. Le api percepiscono molte impressioni in modo più selettivo, ma in modo più chiaro, in modo da far emergere un'immagine speciale.

Le api hanno un eccellente senso dell'olfatto, sono vere e proprie specialiste del profumo e possono percepire anche le più piccole quantità di feromoni della propria colonia e i profumi dei fiori e immagazzinarli nella loro memoria olfattiva. Le api utilizzano questi profumi per orientarsi e comunicare tra loro. Le cellule sensoriali necessarie (le cellule recettoriali) e le fosse sensoriali si trovano in gruppi intorno alla bocca, sulle antenne e sulle zampe. Ogni cellula recettoriale è specializzata nella percezione di una sostanza specifica.

Le antenne mobili, che possono essere orientate in tutte le direzioni, sono perfette per percepire i profumi fugaci e localizzarne l'origine. A tale scopo, sono dotate di placche olfattive, placche poriformi e placche di membrana. I fuchi hanno un numero particolarmente elevato di queste placche olfattive chimiche per poter percepire chiaramente il feromone della regina.

Sul pretarso, in particolare sulle zampe anteriori, c'è anche una moltitudine di setole sensoriali e di fosse sensoriali per poter percepire il gusto e l'odore del fiore volato a diretto contatto con esso. Così, le api possono percepire il contenuto di zucchero di una soluzione attraverso le cellule sensoriali dei piedi. Inoltre, le cellule sensoriali si trovano nell'area della bocca, ossia sulle mandibole e sui palpi labiali (palpi della bocca).

La memoria olfattiva delle api è in grado di memorizzare i profumi. In questo caso, non viene memorizzato l'intero profumo del fiore, ma attraverso la percezione selettiva di solo singoli componenti di questo profumo, viene creata un'immagine astratta del fiore. In questo modo, anche le informazioni sul contenuto di zucchero sono incluse nella memoria. Ciò è utile per la successiva raccolta di nettare, poiché anche i fiori della stessa specie vegetale possono differire notevolmente nella qualità del nettare e nel contenuto di zucchero. In questo modo, le api si assicurano di volare verso i fiori in cui la composizione del nettare è ottimale per loro. Gli occhi composti sono progettati appositamente per vedere il movimento e produrre immagini nitide all'interno del loro stesso movimento. Quindi hanno una buona risoluzione temporale. Sono anche in grado di rendere visibile all'ape la luce UV, e anche nelle giornate nuvolose l'ape può determinare la posizione del sole. Gli occhi puntiformi, i tre piccoli occhi sulla fronte, sono importanti per le api a causa della loro posizione, presumibilmente per stabilizzare il volo, e servono anche per l'orientamento luce-bussola e per il funzionamento del ritmo giorno-notte.

Grazie alla loro capacità di rilevare la luce UV, i fiori appaiono completamente diversi alle api rispetto agli esseri umani. Così, un fiore che a lei appare bianco puro, per l'ape può contenere un disegno distinto. Questo tipo di visione consente alle api di riconoscere i segni speciali di polline e linfa sulle piante e di determinare il sito di avvicinamento ideale per raccogliere rapidamente nettare e polline.

Le api non possono sentire, non hanno cellule sensoriali per farlo. Invece, riconoscono le vibrazioni nell'aria e si orientano in base ad esse. Anche il linguaggio della danza delle api rientra nella categoria delle vibrazioni. La danza della coda viene eseguita nell'alveare stesso, dove è buio pesto. Quindi le api non possono seguire la danza con gli occhi nel modo classico, ma utilizzano il senso delle vibrazioni. Invece, le vibrazioni nell'intervallo di 15 Hz (addome) e 250 Hz (torace) vengono generate e trasmesse alle altre api attraverso le vibrazioni dei favi. Queste leggono le vibrazioni con l'organo subgenuale e gli organi cordonali. Si tratta di organi sensoriali in grado di captare le vibrazioni. L'organo subgenuale si trova sulla tibia, mentre gli organi cordotonali si trovano sulle articolazioni delle gambe, una volta tra il femore e la tibia e una volta tra la tibia e il tarso.

Gli organi cordonali sono responsabili della determinazione della posizione delle sezioni degli arti in relazione tra loro e della percezione dei cambiamenti. Così, il movimento del terreno può essere letto dalla posizione delle articolazioni. Altre cellule sensoriali per la percezione delle vibrazioni si trovano sulle antenne. Le api usano le loro antenne sia per sentire, misurare e percepirsi a vicenda. Le regine, ad esempio, le usano per misurare le celle di covata e decidere se collocare un uovo fecondato o un uovo non fecondato all'interno. Le operaie usano le loro antenne durante l'alimentazione sociale (trofallassi), tra le altre cose.

Infine, ma non meno importante, l'ape ha setole sensoriali disposte come un cuscino sulle articolazioni e disposte singolarmente sull'antenna, che servono a percepire la gravità. Queste forniscono informazioni su come le singole parti del corpo si relazionano tra loro.

COMUNICAZIONE E COMPORTA-MENTO

Per poter capire le sue api dalla testa ai piedi, è importante che conosca il comportamento delle api e la comunicazione tra loro. Solo se comprende e conosce bene i processi della colonia e dell'alveare, può riconoscere direttamente le deviazioni che indicano malattie o altri problemi e intervenire tempestivamente per aiutare.

Ci sono associazioni di apicoltori che hanno allestito un'arnia da esposizione. Si tratta di arnie con vetri che permettono di guardare all'interno dell'arnia e di osservare molto bene le api. Se non ha questa possibilità, può cambiare un po' la situazione nella sua arnia. Appenda un solo favo nell'arnia a pettine per l'osservazione e poi osservi le sue api al lavoro. Dovrebbe farlo solo in condizioni meteorologiche ideali.

L'ape
Spesso la comunità della colonia di api viene chiamata "ape". Si tratta di un termine molto appropriato, poiché di solito sembra che tutte le api agiscano come un'unità, come un grande organismo vivente. Quindi l'ape comprende tutte le operaie, i fuchi e la regina, nonché la covata. Ma anche tutti i depositi e l'intera costruzione del favo

sono considerati parte dell'ape, poiché sono indispensabili per la sopravvivenza della colonia.

Feromoni

Come ha già imparato, i feromoni sono profumi prodotti dalle api e rilasciati all'esterno. Servono a comunicare tra loro, ma funzionano con un piccolo ritardo, in quanto devono essere distribuiti in tutto l'alveare e nell'intera colonia dopo essere stati rilasciati. Solo quando tutte le api hanno assorbito i feromoni, il comportamento desiderato diventa visibile come attività nella colonia. Uno scambio di informazioni a breve termine non è possibile tramite i feromoni. La miscela di feromoni "sostanza regina" viene creata dalla regina con circa 30 sostanze individuali e rilasciata attraverso le ghiandole mandibolari. In una colonia troppo grande, la concentrazione si diluisce a tal punto che le api operaie iniziano a creare celle della regina. Le celle RJ sono celle di covata speciali che servono per allevare una regina. Ciò significa che si preparano alla sciamatura o al riposizionamento silenzioso. Oltre ai normali feromoni utilizzati per la comunicazione quotidiana e all'odore proprio della colonia, ci sono alcuni feromoni di allarme che le api emettono quando si verifica un attacco. Questo notifica l'intera colonia e la mette in allerta. I feromoni di allarme vengono rilasciati fondamentalmente quando un'ape punge. Questo significa anche che l'aggressore viene marcato con il feromone di allarme e le api reagiscono in modo più aggressivo. Una volta che è stato punto, non deve avvicinarsi alle api quel giorno e cambiare i vestiti e lavare bene la pelle per eliminare l'odore di allarme.

Un altro tipo di comunicazione del profumo sono i segni di odore. I segni di odore vengono lasciati dalle api attraverso la ghiandola tarsale, la ghiandola di Arnhardt, dove le api camminano con i piedi. Quindi, soprattutto quando entrano ed escono dall'alveare. Le api inseguitrici continuano a utilizzare la secrezione delle ghiandole stercali per marcare i fiori. L'odore del feromone e l'odore proprio del fiore danno luogo a una miscela caratteristica che le altre api possono seguire per trovare la fonte di uva pubblicizzata.

Trofallassi - l'alimentazione sociale
La trofallassi comporta lo scambio di cibo dalla vescica del miele di un animale a un altro adulto. Le api si nutrono quindi a vicenda, non ha nulla a che fare con l'allevamento delle larve. Lo scambio di cibo non è l'obiettivo primario, ma la trofallassi serve soprattutto allo scambio di informazioni e al trasferimento della sostanza regina.

Ad esempio, un'ape che ha appena eseguito la danza della coda per indicare dove ha trovato una buona fonte di cibo (tracht) può essere letteralmente pregata di mangiare da diverse api. In questo modo, le api assaggiano il raccolto pubblicizzato e possono individuare meglio la fonte del raccolto in base al sapore.

La trofallassi si verifica anche più frequentemente durante l'inverno, nell'alveare invernale, in modo che le api possano rifornirsi reciprocamente di miele, che è in gran parte immagazzinato nelle vescichette del miele di tutte le api. Soprattutto dopo la sciamatura, fino a quando la costruzione del favo non è progredita a tal punto che il miele può essere nuovamente immagazzinato qui, le vescichette del miele sono l'unico luogo di immagazzinamento del cibo. La trofallassi segue uno schema fisso ed è sempre iniziata da un'ape mendicante che entra in contatto con un'altra ape con le sue antenne. Se quest'ultima vuole condividere il cibo, ripiega la proboscide e recupera una goccia dalla vescica del miele, che rilascia tra le mandibole. L'ape mendicante raccoglie questa goccia con la sua proboscide. Non appena il contatto delle antenne si interrompe, lo scambio di cibo è terminato.

Nido d'ape

Uno sciame di api diventa una vera e propria colonia di api solo con la costruzione di favi in una nuova abitazione, poiché in questo modo crea un nido di covata e il prerequisito per la conservazione del miele. La costruzione di nuovi favi è complessa e richiede una prestazione davvero elevata da parte delle api. Un favo contiene circa 70 g di cera. Per produrre 1 kg di cera, le api devono spendere la stessa quantità di energia e materiale che utilizzano per 4-10 kg di miele.

Le nuove costruzioni sono possibili solo se hanno a disposizione anche questo materiale, il che richiede un'abbondante fornitura di uva. Pertanto, la nuova costruzione avviene solo in primavera e all'inizio dell'estate. Nella colonia deve esserci anche una regina, perché solo allora le api sono stimolate a costruire.

Durante il periodo di nuova costruzione, tutte le operaie collaborano e producono la cera nel loro corpo grasso. Quando l'alveare è in piedi e non viene ampliato, c'è solo un piccolo numero di api costruttrici che si occupano di piccole riparazioni nella struttura del favo e della copertura delle celle del miele e delle celle di covata. Tuttavia, spesso utilizzano la cera esistente per questo scopo, invece di produrne di nuova.

Sterzeln

Le api Sterzelnde aiutano le api dell'alveare a ritrovare la strada verso l'alveare con un profumo caratteristico, specifico dell'alveare. Ecco perché questo comportamento si verifica più frequentemente quando le giovani api partono per i primi voli di orientamento o dopo che la colonia si è trasferita in un nuovo alveare.

Durante la sterilizzazione, le api si posizionano nel foro di volo, fanno ronzare le ali e contemporaneamente sollevano l'addome per esporre la ghiandola di Nassanoff. Il rapido sbattere delle ali fa sì che l'odore del feromone dell'ape si mescoli con quello dell'interno dell'alveare, creando un odore caratteristico e distintivo della singola colonia. Questo si diffonde nell'ambiente e indica alle api che ritornano la strada sicura per tornare al proprio alveare.

La danza della coda - il linguaggio delle api

Le api inseguitrici hanno un compito speciale all'interno della colonia di api. Sono le esploratrici che vanno alla ricerca di nuove fonti di miele. Una volta trovato un buon alveare, tornano all'alveare ed eseguono la danza della coda per attivare le altre api e incoraggiarle a seguirle verso la nuova fonte di miele. Utilizzano la danza per trasmettere tutte le informazioni di cui le api hanno bisogno per trovare il grappolo, la distanza e la direzione, la resa e il tipo di grappolo.

Le api eseguono la danza sui favi per farli vibrare. A questo scopo, ci sono aree speciali dei favi che non sono collegate alla parete sul bordo esterno. Queste vibrano particolarmente bene e facilitano lo scambio di messaggi.

A seconda di quanto l'ape traccia riesca ad attivare le altre api e a ispirarle con entusiasmo per la sua nuova fonte di miele, più api voleranno verso di lei. È paragonabile a una competizione, in cui l'ape con la migliore fonte di tracce vince e vi dirige il maggior numero di operaie. Questo fa sì che le buone fonti di miele vengano raggiunte in modo preferenziale.

Le api aiutanti si assicurano che tutte le api inattive dell'alveare siano consapevoli della danza della coda. Queste api aiutanti corrono per l'alveare e attivano le altre afferrandole con le zampe anteriori e centrali e producendo forti vibrazioni con l'addome per 'svegliare' l'ape inattiva, per così dire, e renderla consapevole della danza della coda in corso.

Per indicare la direzione in cui si trova la fonte dell'alveare, le api utilizzano la gravità e la posizione del sole come punti di riferimento fissi. Se la fonte dell'alveare si trova esattamente nella direzione del sole, ballano la danza in verticale dall'alto verso il basso. A seconda dell'angolo di deviazione del tracht rispetto al sole, l'angolo di danza viene regolato di conseguenza. E se questo non è abbastanza ingegnoso, le api tengono conto anche della migrazione naturale del sole attraverso il cielo e calcolano l'angolo appropriato nel tempo, in modo da poter regolare esattamente la loro danza della coda. La distanza dalla fonte di polline è rappresentata dalla durata della vibrazione. In parole povere, più lunga è la vibrazione, più lontana è la fonte di riproduzione. La natura della fonte di cibo viene trasmessa attraverso la trofallassi. In questo modo, le api ricevono informazioni sul gusto e sull'odore dell'uva con un campione. Più api volano fuori, più api danzano per incoraggiare altre api a recarsi alla fonte. In questo modo, è possibile attraversare una cascata di attivazione in 15-30 minuti e inviare quasi tutte le bottinatrici attive alla nuova e ricca fonte di uva.

La nidiata

In estate, la vita di un'ape operaia è di 5-6 settimane. Quindi, se una colonia non si prende cura della prole permanente, si estinguerà nel giro di poche settimane. La regina, le api pulitrici e le api nutrici si occupano principalmente della cura della covata.

Le api pulitrici puliscono i favi dai resti della covata precedente e si assicurano che le celle di covata siano preparate in modo che la regina possa deporre un uovo al loro interno. Se la larva si schiude da questo uovo, le api nutrici si occupano di rifornire questa larva di linfa alimentare, in seguito di miele e polline, fino a quando la larva si sviluppa finalmente in un'ape adulta attraverso la metamorfosi.

Le api nutrici non solo si prendono cura delle larve, ma sono anche responsabili di fornire alla regina un alimento ricco di proteine, in modo che possa continuare a mantenere un alto rendimento nella deposizione delle uova. A questo scopo, le api nutrici le forniscono la pappa reale, che mescolano insieme nelle loro ghiandole di alimentazione.

Espansione e divisione della nazione

Più cibo c'è, più la colonia ne introduce e più la colonia può crescere. Il prerequisito per questo è che nell'alveare ci sia spazio sufficiente per costruire nuovi favi, perché si devono creare più celle di covata. È qui che le api costruttrici entrano in gioco per prime e creano celle di covata. Variano le dimensioni delle celle perché hanno bisogno di un numero sufficiente di fuchi per dividere la colonia. Le celle per i fuchi hanno un diametro leggermente maggiore rispetto alle celle per le operaie. La regina lo misura con le sue antenne e depone un uovo non fecondato nelle celle dei fuchi e un uovo fecondato in ciascuna delle celle per la prole delle api operaie.

Se la sciamatura è imminente o se è necessario cambiare l'impollinazione, le api costruttrici creano celle più grandi, le cosiddette celle della regina. Queste pendono sempre verticalmente dal favo di covata e sono occupate dalla regina con un uovo fecondato. Non appena una larva si schiude dall'uovo nella cella della regina, viene nutrita esclusivamente con pappa reale dalle api nutrici, il che assicura lo sviluppo di una regina - un'ape femmina con ovaie.

L'urgenza - il trasloco in una nuova casa

Poi viene la sciamatura. Come già detto all'inizio, l'ape mellifera occidentale, originaria della Germania, è l'unica specie di ape che va in letargo nella colonia. Ora, per garantire la sopravvivenza della specie, è necessario non solo che le colonie di api si mantengano, ma anche che si riproducano e quindi crescano. Non appena la nuova regina nella cella dell'ape regina sta per schiudersi, la vecchia regina lascia l'alveare con parte dello sciame. Di solito non volano lontano, ma si stabiliscono in un gruppo di sciami nelle vicinanze. Si tratta di un'immagine molto impressionante, in quanto le api sembrano letteralmente stare insieme. Ora, le api inseguitrici volano via e vanno alla ricerca di una nuova casa. Questo è il momento in cui lei, come apicoltore, deve catturare lo sciame, altrimenti lo perderà.

Le api selvatiche sciamano regolarmente anche per motivi igienici. Se non c'è un apicoltore che sostituisce i favi dell'alveare, i favi invecchiano con ogni covata che avviene. I resti di bozzoli contenenti proteine e i resti di covata riducono le dimensioni dei favi ad ogni passaggio e forniscono un ottimo cibo e un'attrattiva per le tarme della cera, gli acari, gli afidi e altri parassiti. Per evitare una pressione parassitaria letale per la colonia, si verifica la sciamatura e l'abbandono del vecchio nido.

La Umweiselung - Nascita di una nuova regina

Un'ape regina ha un'aspettativa di vita di 4 o 5 anni. Si tratta di una durata impressionante. Ma a partire da circa tre anni, la produzione di uova diminuisce e la regina inizia ad invecchiare, perché lentamente si esaurisce la riserva di sperma acquisita durante il volo nuziale. A questo punto, la regina ha prodotto circa 1,2-1,5 milioni di uova.

Allo stesso tempo, anche la produzione della miscela di feromoni sostanza regina ristagna e nella colonia si diffonde l'informazione che è necessaria una nuova regina e le api si posizionano sulla cella regina. Ci sono due tipi di riposizionamento naturale che la distinguono come apicoltore. La riassegnazione con gli sciami, quando la colonia si divide e si creano due colonie, e la riassegnazione silenziosa, che avviene senza che l'apicoltore se ne accorga. In questo caso la regina invecchia e viene sostituita da una regina giovane, sana ed efficiente. Questo non comporta la sciamatura di una parte della colonia, poiché le api non seguono più la vecchia regina senza il suo forte segnale di feromoni.

Il rimpatrio può avvenire solo se sono disponibili i

fuchi per accoppiarsi con la nuova regina. Le api maschio si sviluppano nel periodo da maggio a luglio con l'unico compito di accoppiarsi con la giovane regina durante il volo nuziale e di trasferirle la loro scorta di semi. Il drone dipende dalle operaie, in quanto non vola fuori e quindi non si nutre da solo, ma sopravvive solo grazie all'alimentazione sociale o utilizzando le scorte di miele della colonia.

Ricreazione - La perdita della regina

Una colonia senza regina morirà dopo poco tempo, perché manca la prole. In natura, vari eventi causano talvolta la perdita dell'ape regina - questo può accadere anche per mano dell'apicoltore, ad esempio se un apicoltore distratto perde la regina durante il trasferimento.

Per salvare la colonia da una morte certa, le api nutrici diventano attive. Una larva femmina non viene fissata durante i primi tre giorni del suo sviluppo. Se riceve la pappa reale, il succo alimentare reale, durante tutto il periodo del suo sviluppo, diventa la regina. Se le api nutrici cambiano l'alimentazione al terzo giorno, passando al pastone di polline e miele, si sviluppa un'ape operaia. Se la colonia si accorge della perdita della vecchia regina, converte i favi di covata con larve più giovani di tre giorni nelle cosiddette celle di ricreazione. Di solito ne vengono create cinque o sei. Le celle di ricostituzione sono facilmente riconoscibili per le loro dimensioni notevolmente più grandi. Un prerequisito per la ricreazione è che l'alveare contenga covata scoperta. La covata coperta è già troppo vecchia e differenziata e non può più svilupparsi in una regina. Inoltre, devono essere presenti dei fuchi, in modo che la giovane regina possa partire per un volo nuziale per tornare fecondata e pronta a deporre le uova.

IL TRACHT - LA BASE ALIMENTARE DELL'APE

Con il termine 'Tracht' si intende la totalità delle scorte alimentari a disposizione della colonia e allo stesso tempo il Tracht attuale viene suddiviso in base a ciò che viene apportato in quel momento: Sono inclusi nettare, polline, melata, linfa degli alberi e anche acqua. A seconda del periodo dell'anno, la vendemmia varia. Ad esempio, all'inizio della stagione della covata, sono necessarie più proteine, quindi il polline viene raccolto preferibilmente qui. Può capire dalle sue api che tipo di tracht stanno portando osservandole attentamente quando entrano nell'alveare: Polline e resina degli alberi nelle tasche delle zampe posteriori; se il volo è lento, la vescica del miele è piena di nettare o melata.

Costume da costruzione / costume da sviluppo
Le api portano questo carico fino alla metà/fine di aprile. In questo periodo le api escono dall'inverno. Di solito vengono svernate con un solo telaino, cioè un solo strato di favi. All'inizio dell'accumulo, il polline è necessario come fonte di proteine per nutrire la regina e la covata.

Verso la fine di marzo, le scorte invernali di miele e cibo invernale vengono esaurite e le api devono iniziare a raccogliere il nettare. A questo punto, al più tardi, viene aggiunto un secondo telaio per dare alle api più spazio per lo sviluppo.

Excursus: Le casette per le api comunemente utilizzate oggi sono chiamate riviste. Sono costituite da un pavimento e da un coperchio, e nel mezzo si può costruire un numero qualsiasi di piani intermedi, i telaini. Si tratta di telai di legno che sono sostenuti da fili sottili, in modo che le api possano costruire i loro favi su di essi. L'esatta costruzione del magazzino e tutto ciò che vale la pena sapere sulla custodia delle api si trova in un capitolo successivo.

Il raccolto di accumulo si completa con l'inizio della fioritura dei frutti, ma può richiedere più tempo dopo un lungo inverno. Le piante che vengono avvicinate dalle api in questo periodo sono per la raccolta del polline: Betulla, ontano, nocciolo, croco e altre piante a fioritura precoce. Le fonti di nettare includono il prugnolo, l'acero norvegese, il sicomoro, l'acero campestre e l'ippocastano. Ma anche altri fiori primaverili e alberi che fioriscono all'inizio dell'anno forniscono cibo alle api.

Presti attenzione a quali piante sono in fiore nella sua zona in quale periodo dell'anno, in modo da poter valutare molto bene cosa serve come fonte di cibo per le sue api in quel periodo.

Raccolta precoce

Nel periodo che va da metà aprile a fine maggio, il raccolto di accumulo si trasforma in raccolto precoce. Ora lo sviluppo della colonia è progredito così tanto e l'offerta di miele è così abbondante che si stanno accumulando le prime scorte di miele. È quindi giunto il momento di installare una camera del miele nel suo alveare.

Ciò che le sue api raccolgono come foraggio precoce varia di nuovo da regione a regione. Ciliegio corniolo, prugnolo, fiori di giardino e di prato, dente di leone, trifoglio e colza sono le fonti dominanti di polline. Ma a seconda della regione, anche gli alberi da frutto e i cespugli di bacche come il ribes e le fragole fanno parte del raccolto precoce.

In primavera, di solito le cose accadono in modo esplosivo e sembra che la natura dispieghi i suoi fiori ovunque "da un giorno all'altro". Una colonia di api ben sviluppata e in salute trova ora cibo in abbondanza ovunque e si formano i primi raccolti di massa. La raccolta di massa significa una tale abbondanza di cibo che le api accumulano grandi scorte di miele, che l'apicoltore può poi raccogliere come miele. Il miele del primo raccolto ha un sapore da aromatico a delicato e varia in consistenza, colore e aroma a seconda del raccolto.

Nei periodi in cui un tipo di alveare predomina nella sua regione, si possono ottenere mieli varietali. Ad esempio, se le sue api vivono in una regione in cui si coltiva molto la colza, molto probabilmente utilizzeranno quasi esclusivamente la colza come fonte di polline e lei potrà ottenere un miele di colza puro.

Costume di inizio estate

La fase successiva del costume è il costume di inizio estate, che dura da maggio a circa metà giugno. Qui la gamma
di costumi cambia e diventa molto più varia. Ora c'è una
vasta gamma di erbe da prato, piante ornamentali coltivate nei giardini o nei parchi e piante utili. Non solo in
campagna, ma soprattutto in città, c'è un'ampia gamma di
fonti di cibo per le api. Ad esempio, vanno citate le varietà
di acero, la robinia, il biancospino, i trifogli e i frutti di
bosco.

All'inizio dell'estate, le api possono sfruttare anche la
prima melata. Soprattutto sull'ippocastano e sull'acero,
potrebbero essersi diffusi degli afidi, che forniscono alle
api la melata. L'afide della cocciniglia dell'abete rosso può
insediarsi sull'abete rosso già alla fine di maggio e fornisce molta melata.

Costume estivo

La melata estiva dura da metà giugno a fine luglio e talvolta fino a metà agosto. In questo periodo, si può chiamare il miele estivo, Sommertracht o miele di Sommertracht. A seconda della regione, fonti esemplari di miele
sono: trifoglio, more, lamponi, castagne dolci, erbe selvatiche e tutti i tipi di piante ornamentali e utili nei giardini e parchi tedeschi.

A livello regionale, si possono produrre mieli mono-
varietali, ad esempio durante la fioritura del tiglio, nella

zona di coltivazione del girasole o durante la stagione degli asparagi. Presti attenzione se le sue api - se si trova nella zona di coltivazione degli asparagi - portano polline rosso. Questi provengono dagli asparagi (Asparagus officinalis).

Questo è anche il momento in cui può verificarsi un vuoto nell'alveare, un momento in cui le sue api non riescono a trovare abbastanza cibo. Questo fenomeno è più comune nelle aree con un'elevata monocoltura agricola. Se si coltiva la colza come coltura da fiore predominante, si verificherà una mancanza di masse di uva non appena questa viene raccolta. Ora le api devono ripiegare su altre fonti di polline, che spesso mancano perché l'agricoltura moderna utilizza diserbanti e l'erba dei prati incolti è troppo spesso tenuta così corta che non può fiorire nulla.

Spättracht

Dopo il raccolto estivo, alla fine di luglio o a metà agosto, inizia il periodo del raccolto tardivo, che dura fino alla fine di settembre e, nelle estati calde, anche fino a ottobre. Il raccolto tardivo è tutto ciò che le sue api portano dopo il secondo raccolto di miele, ossia dopo il raccolto precoce e dopo il raccolto estivo.

Con poche eccezioni, questo raccolto non può essere utilizzato per la raccolta del miele, in quanto rimane piuttosto ridotto in quantità e dovrebbe poi servire come scorta invernale per le api. Nelle zone in cui i girasoli o il grano saraceno sono sempre più coltivati, tuttavia, il rac-

colto tardivo può essere abbastanza abbondante da rendere sensata un'altra raccolta di miele. La raccolta tardiva è
possibile anche nella brughiera, dove tutto inizia a fiorire
solo a fine estate. Qui, le specie di erica ginestra e di erica
campanula stanno fiorendo.

Pensi alla raccolta del grano saraceno solo se vive in
una regione in cui il grano saraceno è coltivato in tutto il
Paese. Il grano saraceno fiorisce dalla fine di luglio alla
fine di settembre e fornisce un nettare abbondante. Nelle
regioni adatte, è possibile ottenere un raccolto di miele di
grano saraceno puro.

Il clima autunnale mite può essere un problema per
lei come apicoltore nelle regioni in cui la senape bianca e
il ravanello oleoso sono utilizzati come concimi verdi in
agricoltura. Se il clima è molto mite, si verifica una fioritura autunnale di queste due piante, che possono essere
utilizzate dalle sue api per produrre miele. Questo rende
la colonia di api più vulnerabile all'acaro varroa, poiché è
in questo periodo che dovrebbe iniziare la dormienza
invernale.

Melata

L'introduzione della melata è possibile dalla fine di maggio alla fine di settembre, ma si verifica solo in modo
irregolare, poiché non è possibile prevedere la presenza
degli afidi. Di conseguenza, i mieli che possono essere
definiti miele di melata puro sono rari e più costosi. Le
piante ospiti tipicamente infestate dagli afidi sono: Pino,
tiglio, abete rosso e acero. Il miele di melata proveniente

da queste fonti - se è puro - viene spesso chiamato miele di bosco, anche se gli alberi si trovavano in città, ad esempio. Nella regione della Foresta Nera, le api amano anche raccogliere la melata dall'abete bianco, che produce miele di abete puro.

Di solito, il nettare e la melata vengono raccolti insieme, in modo che il miele risultante sia una miscela. Tuttavia, anche i mieli puri, ad esempio quelli provenienti da tigli e castagne dolci, possono essere una miscela di nettare e melata.

ASSEGNAZIONE DEL LAVORO NELL'ALVEARE

Affinché la colonia di api - chiamata anche ape - funzioni senza problemi e le 10.000-40.000 singole api sappiano tutte cosa fare, devono essere eseguiti diversi compiti. Prima di tutto, c'è la regina, che depone le uova e si prende cura della prole. Inoltre, ci sono numerosi altri compiti per le operaie.

Il compito esatto che assumono è legato alla loro età. Nei primi ventuno giorni dopo la schiusa, le api seguono il seguente schema: pulizia, cura della covata, costruzione del favo, preparazione del miele, servizio di guardia. Dopodiché, diventano raccoglitrici. A seconda della zona in cui c'è un'ulteriore necessità, le api mellifere possono anche cambiare la loro area di lavoro ed essere impiegate in modo flessibile dove sono necessarie.

A seconda dello svolgimento del suo compito, l'ape operaia ha delle ghiandole attive. Ghiandole bottinatrici per le api nutrici, ghiandole di cera per le api costruttrici e ghiandole velenifere per le bottinatrici. L'attivazione e l'inattivazione delle varie ghiandole viene effettuata dagli ormoni dell'ape nel corso del suo sviluppo vitale. Con l'aumentare dell'"esperienza di vita", i lavori diventano sempre più impegnativi, fino a quando le api più anziane diventano bottinatrici.

Pulizia delle api

Un'ape pulitrice diventa un'ape subito dopo la schiusa. Nei primi giorni di vita, le api pulitrici si aggirano nel nido di covata e puliscono i favi usati dai resti della covata precedente. Preparano i favi per la cova, l'inserimento di un uovo da parte della regina. Per farlo, rimuovono gli escrementi della larva e i resti del bozzolo con l'aiuto delle mandibole. Infine, rivestono il favo con un rivestimento disinfettante di propoli.

Sono anche responsabili della regolazione della temperatura nell'alveare e possono generare calore tendendo e rilassando ritmicamente i muscoli del volo. Le api pulitrici sono pelose, per cui le api giovani possono essere facilmente riconosciute. Con l'invecchiamento, le api perdono sempre più setole.

Api nutrici

Le api nutrici sono api di età compresa tra i quattro e i dieci giorni. Si prendono cura esclusivamente della covata e della regina. Per poter nutrire le larve, le api nutrici hanno ghiandole attive sulla testa, nelle quali si forma una secrezione, il succo alimentare o pappa reale. Questa secrezione viene utilizzata per nutrire le larve più giovani fino all'età di tre giorni. Inoltre, le api nutrici assicurano che il polline e il miele finito siano pronti e vengano somministrati dal quarto giorno alle larve che si svilupperanno in operaie o fuchi. La larva di una nuova regina viene alimentata con la pappa reale di alta qualità, invece che con la miscela di polline e nettare, per tutta la durata del suo sviluppo.

Un certo numero di api nutrici forma la corte della regina. Sono sempre intorno alla regina e la nutrono con la pappa reale per mantenerla forte. La differenza tra il normale pastone e la pappa reale è che quest'ultima contiene un'alta percentuale di secrezione della ghiandola mandibolare. Il normale pastone proviene invece dalle ghiandole ipofaringee e solo una piccolissima percentuale viene aggiunta dalle ghiandole mandibolari.

Api da costruzione

Le api costruttrici sono caratterizzate dalle ghiandole di cera attive sulla parte inferiore dell'addome. Le api più vecchie possono tornare ad essere api costruttrici nei momenti di maggiore necessità, soprattutto in primavera dopo la sciamatura, quando viene occupato un nuovo alveare. In questo caso, le ghiandole di cera inattive si riattivano.

Se non c'è una nuova costruzione completa da fare, ci sono solo relativamente poche api costruttrici che si occupano della manutenzione dei favi. Le piastrine di cera del corpo grasso vengono impastate tra le mandibole, con l'aggiunta di un po' di secrezione della ghiandola mandibolare, e quindi rese malleabili. Oltre a riparare i difetti dei favi, le api costruttrici sono anche responsabili della copertura delle celle di covata e di miele.

Quando costruisce un nuovo favo o esegue una riparazione importante, le api costruttrici lavorano insieme come una squadra. Formano una rete di api che producono la cera e poi la passano alle api costruttrici sotto la rete, che la modellano e la coltivano. Questo ha il vantaggio che la temperatura è abbastanza alta, tra i 30 e i 40 gradi, da permettere alla cera di rimanere flessibile e facile da lavorare.

Le api costruttrici hanno un'importanza maggiore per la composizione della colonia di quanto non appaia a prima vista. La regina scruta i favi vuoti con le sue antenne e, a seconda delle dimensioni del favo, depone un uovo fecondato per un'operaia o un uovo non fecondato per un fuco. Le dimensioni del favo per le operaie sono di 5,2-5,4 millimetri di diametro e 10-12 millimetri di profondità. I favi dei fuchi hanno un diametro di 6,2-6,4 millimetri e una profondità di 16 millimetri.

La cera appena prodotta ha un colore bianco puro. A

contatto con il polline, il miele e naturalmente la covata, diventa gradualmente più scura e assume il tipico colore giallo.

Produttori di miele

Le api nutrici che non diventano api costruttrici diventano direttamente produttrici di miele. Sono le api responsabili della gestione dei depositi di miele. Sono anche responsabili del trasferimento del miele.

È importante che le larve della colonia di api abbiano sempre a disposizione una quantità di miele sufficiente per crescere sane e diventare forti operaie o fuchi. Ecco perché le api amano conservare il miele vicino al nido di covata, il nucleo della colonia. Quest'area è chiamata anello di foraggiamento. La regina vi siede insieme alle sue api nutrici. Quando il cibo è abbondante, le operaie portano il miele in giro. Ciò significa che lo prendono dai favi vicino al nido di covata e lo trasferiscono in favi puliti più lontani. Lì viene conservato tappato per costituire una riserva.

Tuttavia, il loro lavoro non comprende solo il trasferimento di miele già finito, ma anche la conservazione di tracht appena portati. Attraverso la trofallassi, ossia l'alimentazione sociale, i raccoglitori consegnano il contenuto delle loro vesciche di miele ai mielai, che distribuiscono la miscela già predigerita nei favi. I produttori di miele prendono anche la resina degli alberi, che viene utilizzata per la produzione di propoli, dai raccoglitori e la conservano nell'alveare. Lo stesso vale per il polline. Il polline che non viene utilizzato direttamente per nutrire le larve viene poi immagazzinato dai produttori di miele nei favi esterni della corona di bottinatrici e mescolato con secrezioni ghiandolari e miele non maturo. In questo modo si crea il cosiddetto "pane di polline" o "pane delle api", che può essere utilizzato come alimento quando necessario.

Oltre al lavoro di gestione del miele, i produttori di miele sono anche responsabili del trasporto di rifiuti e detriti fuori dall'alveare. In genere, a partire da questa età, la descrizione delle mansioni non è più fissata nella pietra, per cui può capitare di vedere degli operai nell'alveare che camminano sui favi senza essere in grado di dire esattamente quale lavoro stiano svolgendo.

Guardiano

Dal 18° al 20° giorno di vita circa, le api lavorano come api guardiane. Questo rappresenta anche la transizione dall'ape alveare, che rimane solo nell'alveare, all'ape volante. Le api di guardia rimangono nell'area d'ingresso e compiono brevi voli di sorveglianza vicino all'alveare. Ogni ape che vuole entrare nell'alveare deve essere controllata dalle api guardiane. In questo modo, le api entrano in contatto tramite le antenne e la guardia controlla che l'ape in arrivo abbia l'odore dell'alveare. Solo quelle che hanno l'odore giusto e che possono essere identificate come appartenenti all'alveare possono passare. Tutte le altre vengono attaccate con il pungiglione velenoso.

La produzione di veleno inizia al 3° giorno di vita come ape adulta e termina con una vescica velenifera completa al 15° giorno circa. Nelle api estive, cioè quelle incubate tra marzo e agosto, la produzione di veleno termina al 20° giorno di vita.

Non solo le altre api e gli insetti, come i calabroni e le vespe, sono respinti dalle api guardiane. Anche i vertebrati più piccoli, come uccelli e toporagni, possono entrare nell'alveare come predatori. Soprattutto i nemici più grandi non possono sopraffare da soli le relativamente poche api di guardia. Allora viene rilasciato il feromone di allarme e altre operaie accorrono in aiuto delle api guardiane. Insieme uccidono l'intruso e, se è impossibile trascinarlo fuori dall'alveare, lo mummificano con la propoli. In alcune situazioni, le api guardiane tollerano anche i fuchi e le operaie di altre colonie. Le operaie randagie o le api che hanno perso la propria colonia possono stabilirsi in una colonia straniera e vengono accolte. Tuttavia, quando il raccolto è scarso, le colonie possono derubarsi a vicenda e rubare le scorte di miele della colonia straniera. Le api guardiane reagiscono in modo più aggressivo alle api estranee quando questi furti si verificano più frequentemente e non permettono più il loro passaggio.

Raccogliere le api

Le operaie più anziane, a partire da circa tre settimane di età, diventano api bottinatrici. Ora appartengono alle api volanti e lasciano il nido protettivo per svolgere il loro lavoro: Raccogliere miele, melata e polline per fornire cibo alla colonia. Una volta ape bottinatrice, sempre ape bottinatrice. In qualità di api bottinatrici, il loro compito è osservare le api bottinatrici e farsi guidare verso la migliore fonte di miele. Raccolgono nettare, melata, polline, acqua e, se necessario, materie prime per la produzione di propoli.

Il comportamento delle api raccoglitrici viene comunemente definito "blütenstet". Ciò significa quanto segue: Come ha già imparato, le api bottinatrici volano fuori per trovare fonti di polline particolarmente redditizie. Tornano all'alveare ed eseguono la danza della coda. L'ape che pubblicizza il tratto più promettente è seguita dalle api raccoglitrici. Volano verso questo alveare ed eseguono anch'esse la danza della coda al ritorno, in modo che gradualmente tutte le api raccoglitrici siano indotte a volare esattamente verso questa fonte dell'alveare. Questo comportamento si chiama bloomstet.

Se un grappolo è considerato redditizio o meno, dipende dal numero di fiori e dal contenuto di zucchero e dalla quantità generale di nettare. L'ape bottinatrice vola più e più volte per portare nettare e polline, finché non muore durante il suo ultimo volo. Dopo due o tre settimane, si può vedere chiaramente lo sforzo delle api bottinatrici. Di solito le punte delle ali sono strappate e la fascia chiara sull'addome scompare sempre di più con la rottura delle setole. L'addome diventa sempre più scuro e alla fine l'ape perde la capacità di volare e muore fuori dall'alveare.

Traccia ape
Essere un'ape segugio è il lavoro più pericoloso nella colonia di api ed è riservato solo a poche bottinatrici.

Sono esploratori, esploratori del mondo e probabilmente hanno il compito più importante nell'alveare: trovare nuove fonti di miele. In questo modo assicurano la sopravvivenza della colonia. Durante la sciamatura, le api inseguitrici hanno il compito di trovare una nuova casa e di guidare lo sciame in modo sicuro. In pochi istanti, le api inseguitrici riescono a formare una memoria priva di errori della posizione e tornano allo sciame dopo il volo di ricognizione e non al vecchio alveare.

Se vede le prime api volare fuori dall'alveare al mattino presto o dopo la pioggia, queste sono le api inseguitrici che volano fuori e vanno alla ricerca di uva. Volano in un raggio massimo di 3-5 chilometri intorno all'alveare. Sono costantemente alla ricerca di nettare e melata. In primavera, cercano anche fonti di acqua e polline per soddisfare la domanda supplementare di liquidi e proteine.

Come ha già appreso nel capitolo sulla fisiologia delle api, le api inseguitrici possono contrassegnare le fonti di tracht trovate con dei profumi. Inoltre, un campione di tracht viene portato a casa nella vescica del miele per essere assaggiato dalle bottinatrici. La danza della coda, la marcatura del profumo e l'odore e il sapore della nuova fonte di tracht indicano alle bottinatrici un percorso sicuro verso la nuova fonte di cibo.

Api invernali

Le api invernali sono quelle che nascono dalla covata in autunno. Il loro compito è quello di prendersi cura della regina in inverno e di mantenerla in salute. In termini di anatomia e fisiologia, le api invernali non differiscono dalle api estive, solo il loro campo di attività è diverso. Non volano più fuori per raccogliere l'uva, ma rimangono esclusivamente nell'alveare. Il loro compito principale è quello di produrre calore formando il grappolo invernale. La regina continua a essere rifornita di cibo dalla sua corte.

Una volta terminato l'inverno e ripresa la stagione riproduttiva, le api invernali devono adattarsi in modo flessibile alle loro nuove aree di responsabilità, diventando api pulitrici, api nutrici, api costruttrici, guardie, raccoglitrici e api inseguitrici. In questo modo, iniziano a invecchiare per lo sforzo del lavoro come le api estive e muoiono tra la fine di marzo e l'inizio di aprile. A questo punto, la prima generazione di api estive si occupa del lavoro nell'alveare.

La Regina
Nel linguaggio tecnico dell'apicoltura, la regina è chiamata "ape regina". Anche il termine "madre dell'alveare" è comunemente usato per descrivere la regina. È l'unica ape che sopravvive per diversi anni. Ha già appreso alcune cose sulla regina, tra cui che emette la sostanza regina, una miscela di feromoni che segnala a tutte le api di avere una regina forte e sana. Il suo compito principale e più importante è la riproduzione, la deposizione delle uova. Svolge questo lavoro anno dopo anno, da marzo ad agosto. Il processo si chiama "deposizione delle spine". Ogni

giorno depone fino a 1.200 uova - chiamate spilli - nelle celle preparate del favo. Convertita, produce e depone ogni giorno l'80% del suo peso in uova. Può mantenere questa performance solo con la pappa reale, ricca di proteine, come succo alimentare.

Due situazioni possono portare alla nascita di una nuova regina. La vecchia regina ha raggiunto la fine della sua vita e muore poco prima o poco dopo la schiusa del suo successore. In questo caso non c'è alcuna divisione della colonia, si parla anche di trasferimento silenzioso. Nell'altro caso, la colonia è cresciuta così tanto da dividersi. In questo caso, la vecchia regina lascia l'alveare con una parte della colonia poco prima della schiusa della nuova regina.

L'intero sviluppo di una regina dura 16 giorni. Trascorre 10 giorni nell'uovo e come larva. Il periodo di dormienza pupale, la metamorfosi, dura 6 giorni.

Drone

L'ape maschio - nata per un solo scopo: accoppiarsi con la regina di una colonia straniera.

I fuchi vengono prodotti dalla colonia solo quando sono necessari, ossia al momento della sciamatura. Accoppiandosi solo con regine di un ceppo diverso, i fuchi assicurano lo scambio di materiale genetico ed evitano la consanguineità.

I fuchi si sviluppano da uova non fecondate. Geneticamente, quindi, non hanno un padre, ma dopo un accoppiamento riuscito possono diventare il padre di una colonia di api completamente nuova.

Nei primi giorni di vita, i fuchi vengono nutriti con succo di cibo dalle operaie, dopodiché si nutrono dalle scorte di miele della colonia. Hanno bisogno di grandi quantità di proteine, cioè di polline, per la produzione di sperma. La maturità sessuale viene raggiunta tra l'8° e il 12° giorno di vita. A quel punto, i fuchi hanno prodotto tra gli 8 e gli 11 milioni di spermatozoi.

Il fuco intraprende alcuni brevi voli di orientamento nei primi giorni di vita e vola verso i siti di raccolta dei fuchi, dove le api maschio sono sempre alla ricerca di una regina adatta. Una volta trovata, muore durante l'accoppiamento dopo aver trasferito il suo sperma alla regina.

Un fuco non riuscito può vivere da 30 a 40 giorni e di solito viene cacciato dall'alveare dalle operaie prima di svernare. Questo si chiama battaglia dei fuchi. Raramente, tuttavia, può accadere che singoli fuchi siano tollerati nell'alveare durante l'inverno e possano svernare con loro.

IL NIDO

Può considerare il nido di covata delle sue api come il cuore dell'alveare. È qui che avviene la riproduzione, motivo per cui quest'area merita un'attenzione particolare. In una colonia più piccola, il nido di covata si estende su un solo telaino, mentre una colonia più grande, chiamata anche colonia commerciale, di solito ha un nido di covata distribuito su due telaini.

Utilizzi giornate calde per osservare il nido di covata delle sue api. La temperatura dell'aria deve essere superiore a 20 gradi, in modo che le larve non si raffreddino. Registri tutte le sue osservazioni nella tabella dell'alveare. Questa è la sua registrazione dell'alveare. Ha una scheda alveare separata per ogni alveare, in cui annota tutto ciò che accade intorno alle sue api e anche il lavoro che ha svolto in relazione alle api.

Qui c'è anche spazio per scrivere le osservazioni che ha fatto in relazione al nido di covata. Al centro del favo di covata si possono vedere le celle di covata, che sono delimitate all'esterno da celle di favo piene di polline. Il tutto è circondato da celle piene di miele, che è già maturo e pronto per essere alimentato o ancora fresco e acerbo. Questa struttura caratteristica del nido di covata si chiama anello di alimentazione.

La metamorfosi dell'ape

Nelle celle di cova si possono trovare diverse cose. Un uovo, chiamato spillo, una larva rotonda, una larva allungata o la pupa, che subisce la metamorfosi olometabolica e si trasforma dalla larva, molto più semplice, nell'insetto adulto (imago).

Questo sviluppo - dall'uovo all'imago - è sorprendentemente veloce nelle api: in sole tre settimane, l'ape finita si schiude dalla sua pupa. Altri insetti hanno tempi di sviluppo di diversi mesi, alcuni addirittura di diversi anni, come le specie di scarafaggio o di libellula. Per rendere possibile questa crescita rapida, le api nutrici fanno del loro meglio per fornire alla covata un succo alimentare ricco di energia.

L'uovo fecondato costituisce la prima delle tre fasi di crescita dell'ape. Non appena viene deposto dalla regina, inizia lo sviluppo embrionale al suo interno fino a quando diventa una larva, che si schiude dall'uovo il 3°-4° giorno dopo la deposizione.

Ora inizia la seconda fase dello sviluppo: la fase di crescita. Qui la larva viene nutrita dalle api nutrici e cresce abbastanza rapidamente fino a diventare la larva rotonda finita, che raggiunge il peso finale di 150-160 milligrammi in soli cinque giorni. Fino a questo punto, la larva ha subito quattro mute e si è liberata del vecchio esoscheletro, diventato troppo piccolo, per ottenere un nuovo guscio più grande. Difficilmente si trovano resti di questo vecchio esoscheletro, in quanto è costituito da proteine e viene mangiato direttamente dalle larve per non sprecare proteine preziose.

Una larva rotonda che ha raggiunto il suo peso finale diventa una larva allungata. Ciò significa che non rimane più raggomitolata nella sua cella di cova, ma si allunga. Le operaie coprono ora la cella di cova e inizia la terza fase: la differenziazione o metamorfosi. La larva stirata ora tesse un bozzolo sottile intorno a sé e diventa una pre-pupa. A questo punto, la larva perde la pelle per la quinta volta, e questo avviene intorno al 13° giorno del suo sviluppo. Questo produce la pupa finita, all'interno della quale la larva acquisisce una forma più complessa e differenziata e diventa un'imago: l'ape adulta finita.

Al termine della dormienza pupale, intorno al 21° giorno, si verifica l'ultima muta, la sesta in numero. Quest'ultima muta apre il coperchio della cella di covata e l'insetto finito si schiude.

IL BRULICHIO

In qualità di apicoltore, è essenziale che lei comprenda le dinamiche della sciamatura per evitare una sciamatura incontrollata delle sue colonie. Una sciamatura non controllata è negativa per la colonia e per l'apicoltura stessa, per diversi motivi:

• Soprattutto nelle aree urbane, uno sciame selvatico ha difficoltà a trovare un alloggio adeguato e muore se non viene catturato da un apicoltore.

• Uno sciame di api che vola liberamente può facilmente causare il malcontento dei suoi vicini.

• I successi di riproduzione degli ultimi anni sono annullati dalle colonie di api selvatiche, che reagiscono in modo più aggressivo per difendersi dai predatori. L'accoppiamento di colonie riproduttive con api selvatiche che sono state rilasciate in natura può portare le colonie allevate dall'uomo a diventare nuovamente più aggressive.

Quindi, il suo compito come apicoltore è quello di prevenire la sciamatura incontrollata attraverso una buona gestione e una conoscenza sufficiente della fisiologia della sciamatura.

Sciamatura

Non esiste una "sola" ragione per cui la sua colonia sciama. Si tratta invece di una combinazione di fattori e può capire se la sua colonia è in fase di sciamatura solo se la osserva regolarmente da vicino e conosce bene il suo comportamento. Perché una colonia sia in fase di sciamatura, devono concorrere diversi fattori. Prima di tutto, lo sviluppo e la costruzione della covata devono essere completati. Una colonia deve uscire bene dall'inverno prima di poter pensare alla sciamatura. Deve essere una colonia sana, una colonia malata non ha la forza di prepararsi alla sciamatura. Inoltre, la sciamatura avviene solo quando c'è abbastanza miele disponibile. Il periodo in cui si verifica è tra maggio e metà luglio, a seconda del clima.

Una colonia sciamerà più facilmente se c'è mancanza di spazio. Se la rivista è piena e lo spazio sta diventando scarso, si prepara una divisione della colonia per sciamatura. Un altro motivo per dividere una colonia fortemente cresciuta è che la sostanza regina nella colonia è troppo diluita. Se la concentrazione della miscela di feromoni diminuisce troppo, le operaie iniziano a prepararsi per la sciamatura.

A questo scopo depongono le coppe della regina. Queste celle rotonde sono solitamente collocate sul bordo del favo di covata, spesso si estendono sul telaio di legno, il che rende più facile per l'apicoltore riconoscere le coppe della regina. Non appena la regina ha impollinato una di queste coppe, cioè vi ha deposto un uovo fecondato, le operaie la trasformano in una cella regina e inizia l'allevamento di una nuova regina.

Mentre la nuova regina viene allevata - di solito si sviluppano diverse regine potenziali allo stesso tempo - la vecchia regina deve essere resa idonea al volo. Tuttavia, le ovaie attive aggiungono troppo peso, per cui la regina non sarebbe in grado di volare in queste condizioni. Pertanto, viene messa a dieta dalla sua corte e riceve solo una porzione economica di cibo. Allo stesso tempo, viene 'costretta a fare esercizio' dalle operaie che toccano il torace della regina con le zampe e producono vibrazioni. In questo modo, la regina deve correre sui favi come allenamento di fitness. Grazie a questo programma sportivo, la regina perde circa il 25% del suo peso e non depone nuove uova durante questo periodo.

Ora, allo stesso tempo, i processi ormonali controllati iniziano a riattivare le ghiandole della cera nelle raccoglitrici e nelle altre operaie, in modo che lo sciame abbia molte api costruttrici attive, che possono quindi iniziare direttamente la costruzione di nuovi favi nel nuovo alloggiamento. Poco prima della partenza finale, le api che 'lasciano' l'alveare con lo sciame riempiono le loro vesciche di miele con le provviste sufficienti per sopravvivere al viaggio e alla costruzione del nuovo alveare. In questo modo, il nuovo sciame porta con sé circa 500 grammi di miele.

L'estratto

Ora sono stati fatti tutti i preparativi per la sciamatura. Poco prima che inizi finalmente, torna la calma. Spesso le api sono appese come un gruppo di sciami davanti al foro di volo, in modo da poterle riconoscere molto bene. A questo punto, al più tardi, dovrebbe aver fatto tutti i preparativi per catturare con successo lo sciame, perché a questo punto non può più fermare la sciamatura. Quando sente il segnale di avvio dalle api inseguitrici, è pronto a partire.

Quindi tutto dipende dalle api inseguitrici. Queste determinano il momento finale in cui il nuovo sciame lascerà il nido. Per determinare questo momento, le api inseguitrici si spostano dall'interno all'esterno. Percepiscono le condizioni meteorologiche, che devono essere calde e asciutte per il successo della sciamatura, e allo stesso tempo controllano lo stato delle celle della regina.

Quando sono pronti per il decollo, generi una vibrazione sui favi a una frequenza di 200 - 250 Hz. Questa frequenza è assolutamente specifica per la sciamatura. Sempre più api inseguitrici dello sciame si uniscono e quindi allertano le api in attesa. La temperatura nell'alveare aumenta contemporaneamente alla tensione e alla fine (letteralmente) tutte le api tracciatrici partecipanti scappano, trascinando con sé le operaie e la regina - lo sciame, composto da due terzi delle api adulte dell'alveare, si alza.

Tuttavia, solo per un breve volo, che è molto conveniente per lei come apicoltore. Lo sciame si deposita in un punto vicino, solitamente elevato, come il ramo di un albero, e lì forma il gruppo di sciami. Le api si aggrappano letteralmente l'una all'altra e aspettano. Il tempo che lo sciame trascorre in questo punto varia da poche ore a qualche giorno. Dipende interamente dal tempo che le api inseguitrici impiegano per trovare una nuova dimora adatta. Durante questo periodo lo sciame è molto vulnerabile. Se il bel tempo si interrompe improvvisamente, ad esempio se si verifica un temporale estivo, l'intero sciame può morire.

Il raggio di ricerca delle api inseguitrici è di circa 2 o 3 chilometri intorno al gruppo di sciami che si è formato. Una volta che un'ape inseguitrice ha trovato una possibile abitazione, torna indietro ed esegue la sua danza della coda. A volte alcune api si staccano ed esplorano anche la dimora pubblicizzata. Alla fine, lo sciame nel suo insieme decide quale sia l'alveare migliore tra quelli pubblicizzati. Una volta presa la decisione, le api inseguitrici attivano le altre api dello sciame tramite vibrazioni e spinte e lo sciame si allontana nel suo insieme per trasferirsi nella nuova dimora.

Formazione di un nuovo popolo
Lo sciame di api diventa di nuovo una colonia solo quando l'alloggiamento è stato occupato, i favi sono stati costruiti, le prime uova sono state deposte e il primo raccolto è stato portato. La cosa più importante è l'alveare. Le

api preferiscono cavità abitative con un volume di circa 40 litri. Preferibilmente ad un'altezza di 5-6 metri, con un piccolo foro d'ingresso rivolto a sud o sud-ovest. Naturalmente, l'interno della tana deve essere asciutto e non consentire correnti d'aria. Le api amano riempire le piccole fessure e i fori con la propoli per tenere lontane le correnti d'aria.

Una volta trasferitesi nella nuova casa, le operaie iniziano immediatamente a costruire favi e a banchettare con le provviste che hanno portato con sé dalla vecchia tana. A seconda del momento in cui uno sciame si è levato in volo, ora ha più o meno tempo per portare il primo raccolto per garantire la sua sopravvivenza. Se il tempo diventa cattivo troppo rapidamente o se c'è un vuoto nell'alveare per altri motivi, le scorte di cibo possono diventare rapidamente scarse e lo sciame muore di fame. Di norma, gli sciami che volano all'inizio dell'anno hanno maggiori possibilità di sopravvivenza rispetto agli sciami che sciamano solo alla fine di luglio o ad agosto, ad esempio.

Pochi giorni dopo il trasferimento, la regina ricomincerà a deporre le uova non appena le operaie avranno creato dei favi di covata e ci sarà un'offerta di cibo sufficiente a fornire alle larve un succo alimentare.

Cosa succede nelle persone anziane?

Il primo sciame che lascia la colonia è spesso chiamato presciame. A seconda della forza della vecchia colonia rimasta, può formarsi un secondo sciame, molto più piccolo. Questo viene chiamato post-sciame.

Come già sapete, poco prima della sciamatura vengono create diverse celle di regina, nelle quali si sviluppano le prossime regine. Di solito, la prima regina se ne va prima che la nuova regina si schiuda dalla sua cella. Le operaie superano questo periodo continuando a svolgere il loro lavoro.

Se la prima giovane regina è pronta a schiudersi, si annuncia con un certo modello di vibrazione dall'interno della sua cella regina. Si tratta di capire se la vecchia regina si è già allontanata dalla colonia. Come apicoltore, può persino sentire questo suono, che ricorda un gracidio, dall'esterno dell'alveare. Se ora c'è una risposta da parte della vecchia regina, anche attraverso un modello di vibrazione che produce con i suoi muscoli di volo, la nuova regina sa che deve ancora aspettare con la cova e rimane nella sua cella regina. Di tanto in tanto ripropone la domanda vibrando e cova non appena la vecchia regina non le risponde più - quando ha lasciato l'alveare.

Poiché ora diverse giovani regine sono pronte a schiudersi quasi contemporaneamente, la prossima regina si informerà presto attraverso il segnale di vibrazione. Nel caso di una colonia molto forte, si formerà un secondo sciame, il post-sciame, che lascerà l'alveare, oppure la nuova regina ucciderà la sua concorrente ancora nella cella di covata con una puntura. Se diverse regine si schiudono nello stesso momento, combatteranno tra loro.

Sono le operaie, non la nuova regina, a decidere se si

svilupperà uno sciame secondario. Dipende solo se la situazione della covata e le scorte di miele sono ancora sufficienti per dividere la colonia. Se questo è il caso, le operaie proteggono le regine nelle celle della regina, in modo che l'altra regina non possa ucciderle. Lo sciame successivo si sviluppa. Se le scorte non sono sufficienti, le operaie non proteggono le regine nelle celle della regina e la giovane regina può eliminare le sue rivali.

Come iniziare?

In questo capitolo otterrà una breve panoramica di tutti gli aspetti importanti che deve considerare e conoscere prima di acquisire una colonia. Utilizzi questa sezione come una sorta di guida o di lista di cose da fare per verificare di aver pensato a tutto ciò che è importante e di aver fatto tutti i preparativi.

Si ricordi che con l'apicoltura si assume la responsabilità di creature viventi. Le api sono, a loro modo, ad alta manutenzione in alcuni periodi dell'anno e richiedono il suo tempo come qualsiasi altro animale domestico. Deve quindi essere consapevole che sarà legato alle sue api, soprattutto in primavera e in estate. È in grado di conciliare questo impegno con il suo programma di vacanze, il suo lavoro e la sua famiglia? Questa è la prima domanda che deve porsi.

Si prenda il tempo necessario e rifletta sulle seguenti domande per scoprire da solo se è pronto ad allevare api:

• Ha un legame con la natura, la sua flora e la sua fauna?

• È una persona calma e agisce sempre in modo ponderato e non frenetico? Essere frenetici può allontanare le sue api e far sì che le vedano come un pericolo.

• Ha delle capacità organizzative e una certa manualità per gestire la rivista delle api?

• È disposto e ha il tempo di dedicare tre o quattro ore alla settimana alle sue api? Dovrà dedicare questo tempo soprattutto in primavera e in estate. In autunno e in inverno, corrispondentemente meno.

• Se è allergico al veleno delle api o ha altre limitazioni di salute che le impediscono di svolgere il lavoro fisico sull'alveare, dovrebbe decidere di non tenere le sue api per proteggere la sua salute.

PRIMA DI INIZIARE

Gestire una colonia di api in modo redditizio richiede un alto livello di competenza che non si può acquisire solo leggendo libri e guide. Nulla sostituisce i suggerimenti e i trucchi che un apicoltore esperto può darle. Per questo motivo, all'inizio della sua carriera vale la pena diventare membro di un'associazione di apicoltori e trovare un cosiddetto mentore apistico. Questa persona può aiutarla con la sua colonia o mostrarle alcuni movimenti manuali sulla sua colonia. In questo modo potrà familiarizzare con le api all'inizio. Potrà vedere, sentire e percepire tutte le cose di cui ha letto solo in teoria.

Anche l'associazione di apicoltori della sua zona può aiutarla con indirizzi e consigli preziosi. Qui potrebbe anche essere in grado di prendere in prestito l'attrezzatura o almeno di ottenere indirizzi e punti di contatto per ottenere tutto ciò di cui ha bisogno. Tramite la sua associazione può anche entrare in contatto con esperti di api, apicoltori appositamente formati. Infine, l'associazione le offre anche la possibilità di ottenere un mentore apistico. Questo apicoltore esperto la accompagna nelle parole e nei fatti durante i primi due o tre anni di apicoltura ed è sempre a disposizione per lei e le sue api.

QUANDO È IL MOMENTO MIGLIORE PER INIZIARE?

Poiché le api sono animali attivi stagionalmente, l'ora di inizio è abbastanza fissa. A seconda di come acquisisce le sue prime api, anche il momento giusto sarà predeterminato.

Il modo più semplice per farlo è acquistare una o più marze da un apicoltore esperto. L'apicoltore costruisce una marza dividendo e quindi riducendo le dimensioni di una colonia forte. Il vantaggio di una talea è che le colonie crescono lentamente e non corre il rischio di avere presto uno sciame senza casa nel suo giardino. Tuttavia, non può raccogliere il miele da una piccola propaggine nel primo anno. La colonia cresce lentamente e accumula scorte per superare l'inverno. Nel secondo anno la colonia avrà raggiunto le dimensioni di una colonia commerciale e potrà aspettarsi un ricco raccolto di miele. Naturalmente, può anche ottenere la sua prima colonia catturando uno sciame - ma dovrebbe farlo solo in collaborazione con un apicoltore esperto, altrimenti metterà in pericolo se stesso e lo sciame.

Un apicoltore esperto, o se ha il supporto di un apicoltore molto esperto, può anche acquistare una colonia commerciale direttamente in aprile. Queste colonie forti hanno il vantaggio di consentire un raccolto di miele già nel primo anno dopo l'acquisto. Tuttavia, deve conoscere le misure da adottare per prevenire la sciamatura, in modo che la sua colonia non dica presto addio a se stessa.

Sempre più spesso, i popoli vengono anche offerti con uno sconto. Questo ha il vantaggio che spesso è possibile prendere in consegna anche utensili e attrezzature, senza doverli acquistare di nuovo. In questo caso, la stagione gioca un ruolo speciale, per capire se è possibile spostare le colonie nello stesso anno o se è più intelligente lasciare che le colonie svernino nel loro luogo abituale. Il rilevamento di una tenuta è quindi consigliato solo agli apicoltori esperti.

PREPARAZIONE

Prima che le sue api possano trasferirsi da lei, deve aver acquistato diverse cose. Queste includono l'alloggiamento per le sue api, ma anche l'equipaggiamento protettivo personale.

Gli alveari

Alveare è il termine tecnico per indicare l'alloggiamento delle sue api. Esistono differenze regionali nelle forme di apicoltura, di cui l'apicoltura su rivista è la più comune. Altre forme di allevamento sono: Stülper, alveare e cassetta per le api. Nel caso dell'alveare, non è possibile raccogliere il miele; questa forma è adatta solo all'allevamento delle api. L'arnia da rivista è una cosiddetta arnia verticale.

Le arnie individuali hanno una base su cui si possono collocare tutti i telai che si desidera, quasi come un kit di costruzione, che si può estendere verso l'alto a piacimento. I telai sono telai di legno in cui si appendono i telai che le api utilizzano per costruire i loro favi. Sul telaio superiore viene posto un coperchio per chiudere l'intera struttura. Un vantaggio dell'arnia a scomparti è che può impilare l'uno sull'altro il numero di telai che desidera e quindi, a seconda delle dimensioni della sua colonia, creare uno spazio migliore o ridurre lo spazio disponibile, cosa utile ad esempio in autunno. Le arnie possono essere realizzate in legno o in polistirolo. Le arnie in legno sono utilizzate in modo classico, in quanto sono anche più ecologiche delle varianti in polistirolo in termini di riciclaggio ecologico dei rifiuti.

All'interno dei telai sono appesi i già citati telai di legno, che gli apicoltori chiamano anche telaini. I telai sono lo spazio che le api riempiono con i favi. Per stabilizzare i favi e facilitare le api, i telai sono spesso rinforzati con fili sottili o addirittura con una parete centrale, che lei, in qualità di apicoltore, può specificare in modo che le api possano deporre i loro favi su entrambi i lati di questa parete centrale. In questo modo le api costruiscono più facilmente, dato che lei sta già dando loro una parte della cera.

Solo grazie ai telai smontabili è possibile raccogliere il miele, poiché i telai possono essere centrifugati.

La posizione

Protezione dal vento e stabilità sono i requisiti indispensabili per la collocazione della sua arnia. È già stato detto in precedenza che le api preferiscono una posizione più elevata, quindi faccia attenzione a non collocare la sua colonia in un avvallamento e a non posizionare mai le arnie direttamente sul terreno. Per esempio, lavori con pallet o altre piattaforme, per posizionare le arnie più in alto.

Le buche di volo dovrebbero essere idealmente rivolte verso sud o sud-ovest e l'area direttamente davanti alla buca di volo dovrebbe essere il più possibile libera e poco utilizzata. Un'area libera con un diametro di circa tre metri si è dimostrata utile. Esistono raccomandazioni sulla quantità di spazio che dovrebbe avere la sua proprietà o la sede delle api: 100 metri quadrati sono adatti per ogni colonia di api. Naturalmente, questo spesso non è possibile, soprattutto in città. Quindi pensi ai suoi vicini! Per evitare malumori, è consigliabile concordare la posizione con i rispettivi vicini. Sia aperto alle preoccupazioni dei suoi vicini, ai timori per i loro figli o alle possibili allergie al veleno delle api. Se ci sono riserve che non possono essere sciolte, dovrebbe cercare un'altra posizione e possibilmente prendere in considerazione un giardino in affitto.

In alcune aree, le cosiddette aree protette o aree ri-

servate, l'apicoltura non è consentita. Si informi in anticipo presso le autorità competenti per evitare avvertimenti
o condizioni severe.

TRASPORTO DELLE API

Il trasporto delle api avviene fondamentalmente nell'alveare. Si tratta di un processo molto delicato che può
portare alla morte dell'intera colonia se non viene eseguito da un esperto. Pertanto, faccia attenzione alle cose
essenziali durante il trasporto e, in caso di dubbio, si faccia aiutare da un apicoltore esperto.

La morte durante il trasporto avviene attraverso il
cosiddetto "bruciore". Questo avviene quando la colonia si
surriscalda all'interno dell'alveare. Quando la temperatura
sale, le api aumentano la loro attività e battono le ali per
raffreddare la colonia. Tuttavia, lei ha chiuso il foro di
volo in anticipo, in modo che nessuna ape si perda durante il viaggio o addirittura che scappi nella sua auto e la
attacchi.

Ora l'aria fredda non può entrare nell'alveare perché
il foro di volo è chiuso. L'attività delle api porta quindi
all'opposto: l'alveare diventa sempre più caldo. Questo è
fatale per i favi di cera, che perdono stabilità con l'aumento della temperatura e alla fine si rompono. Il miele maturo e acerbo gocciola in modo incontrollato e i corpi sensibili degli insetti si uniscono. Di solito questa è la sentenza
di morte per l'intera colonia.

Quindi trasporti le sue api solo in giornate sufficientemente fresche. Per prepararsi al trasporto, chiuda accuratamente il foro di volo con della schiuma. Per non escludere nessuna ape dall'arnia e dimenticarla nella vecchia sede, dovrebbe farlo solo al di fuori dei periodi di piena: cioè al mattino presto, alla sera tardi o in una giornata di pioggia. Si assicuri che le arnie siano riposte in modo molto sicuro nell'auto, nel rimorchio o nell'area di carico con cinghie di tensione e altre misure, in modo che nulla possa scivolare o rovesciarsi. Dopo aver raggiunto il luogo desiderato e dopo che l'arnia è posizionata in modo soddisfacente, rimuova la schiuma dal foro di volo e si allontani rapidamente. Le api non amano il trasporto e possono reagire di conseguenza con rabbia e aggressività.

Lasci alle sue api qualche giorno per arrivare e familiarizzare con il nuovo ambiente. Utilizzi questo tempo anche per osservare e conoscere le sue api. Soprattutto in questi primi giorni può osservare molte api inseguitrici e api che pungono il foro di volo per diffondere l'odore dell'alveare. Dopo qualche giorno può aprire con attenzione l'arnia per la prima volta e osservare la sua ape dall'interno. Cosa può vedere? Si senta libero di approfittare delle conoscenze del suo mentore apicoltore e chiedergli di spiegarle cosa vede.

Richiedere un certificato sanitario - i documenti necessari

Tenga presente che per spostare una colonia di api oltre i confini del distretto è necessario un certificato sanitario.

Ciò è previsto dall'Ordinanza sulle malattie delle api e serve a garantire che vengano trasferite solo colonie sane. In questo modo si evita la diffusione della malattia delle api "peste americana".

Inoltre, deve notificare la sua apicoltura all'ufficio veterinario competente per il suo distretto e presentare una copia di questo certificato sanitario. In alcuni Stati federali, oltre a questa notifica, deve anche registrare la sua apicoltura presso il fondo di assicurazione contro le malattie animali competente. L'associazione di apicoltori competente per lei può dirle esattamente cosa deve fare e dove deve registrarsi.

È anche opportuno stipulare un'assicurazione di responsabilità civile per le api. Spesso l'assicurazione è inclusa nell'iscrizione all'associazione di apicoltori. Se non è questo il caso, i responsabili possono dirle esattamente cosa fare.

L'apicoltore

In Germania ci sono circa 600.000 colonie di api. L'apicoltore medio è maschio e ha 57 anni. Almeno quest'ultima sta cambiando in questi anni. L'apicoltura è stata a lungo considerata un hobby per "nonni e anziani", ma fortunatamente oggi non è più così. Sempre più giovani e anche donne trovano divertimento nell'apicoltura e nell'allevamento di api. Ma cos'è che rende un apicoltore - e di cosa ha bisogno per poter perseguire il suo hobby con successo?

Fino al XVIII e al XIX secolo, le colonie di api selvatiche venivano sfruttate dall'uomo. Qui i favi venivano semplicemente tagliati, la sopravvivenza della colonia era secondaria. Oggi, il valore di ogni singola colonia di api è ampiamente conosciuto. Il servizio di impollinazione che le api forniscono è desiderabile e quindi la sopravvivenza e la salute di ogni singola colonia di api è sempre più al centro dell'apicoltura. Il miele viene raccolto solo quando non danneggia le api.

COSA DEVO FARE COME APICOL-TORE?

Le colonie selvatiche mostrano due comportamenti che un apicoltore vuole evitare nella sua colonia.

1. La sciamatura si verifica regolarmente quando la colonia aumenta costantemente di dimensioni.

2. Dopo alcuni anni, l'attuale abitazione viene completamente abbandonata e si cerca una nuova casa pulita per evitare un forte imbrattamento e un'infestazione di parassiti.

In qualità di apicoltore, il suo compito è quello di fermare questo comportamento. Di conseguenza, si assume la responsabilità di mantenere l'alveare pulito e di controllare efficacemente le malattie.

Camera di covata e camera del miele

Nell'apicoltura di rivista è possibile separare spazialmente la camera di covata da un'area utilizzata esclusivamente per la conservazione del miele: la camera del miele. Questo si ottiene inserendo una griglia. Questa griglia è così fine che la regina non può passare. Le operaie possono comunque passare e utilizzare i favi della camera del miele esclusivamente per conservare il miele.

Se la sua colonia cresce molto in primavera, inserisca un'altra cassetta di covata. In questo modo la colonia avrà spazio per espandersi e immagazzinare più cibo. La sciamatura viene prevenuta da questo e dalla raccolta del miele.

Propagazione controllata

Una nazione non vive per sempre. Ad un certo punto muore, a prescindere dalla bontà della sua gestione. Per preservare l'ape come specie, è quindi essenziale che lei si occupi della riproduzione della sua colonia. Per evitare una sciamatura incontrollata, crei delle propaggini dalla sua colonia.

Per questo è necessario un alveare vuoto. Rimuova diversi favi di covata dalla colonia esistente, aggiunga favi vuoti e telai con pareti centrali su cui le api costruttrici possano collocare nuovi favi. Collochi questa costruzione nella nuova arnia. Anche le api che sono attaccate ai favi rimossi vengono trasferite e formano la propaggine della colonia.

Promuovere l'igiene: Igiene a nido d'ape

Gli agenti patogeni si raccolgono nella cera dei favi vecchi. Questo è il motivo per cui le api lasciano il vecchio alveare dopo un certo tempo e si insediano di nuovo. Poiché lei, come apicoltore, impedisce che ciò accada, è necessario rimuovere i favi vecchi dall'alveare di tanto in tanto. In questo modo stimola le sue api a costruire nuovi favi, che hanno di nuovo uno stato igienico migliore.

Alimentazione

In rari casi, ci sono apicoltori per hobby che non hanno l'obiettivo di estrarre il miele. La maggior parte degli apicoltori, tuttavia, desidera estrarre il miele dalle proprie api e utilizzarlo a livello commerciale o per il proprio consumo. Estraendo il miele, lei priva la sua colonia del suo sostentamento: la sua alimentazione. È quindi sua responsabilità effettuare le poppate invernali e le poppate di emergenza quando ci sono dei vuoti nell'alveare, per mantenere le sue api piene e sane.

HOBBY - O PROFESSIONE?

Ci sono alcuni termini che differiscono a seconda che l'apicoltura sia di tipo hobbistico o commerciale. Se è un apicoltore per puro hobby, sta allevando le api nel suo giardino. Non perseguendo alcuno scopo commerciale, non deve registrare un'azienda.

Si parla di apiario quando si tengono le api a livello commerciale. In questo caso si parla di apicoltore professionista o di apicoltore part-time e l'obiettivo è quello di guadagnare con le proprie api, possibilmente anche a tempo pieno. Non è sufficiente possedere solo cinque colonie di api. Gli apicoltori professionisti hanno in media tra le 50 e le 500 colonie di api.

Come apicoltore, si dedica interamente all'allevamento dell'ape da miele. Non estrae il miele, ma si occupa esclusivamente della riproduzione.

Esiste una formazione professionale riconosciuta per gli apicoltori, che dura tre anni e si conclude con un esame di specializzazione. Il titolo ufficiale è "Tierwirt, Fachrichtung Imkerei".

L'ATTREZZATURA PER L'APICOLTURA

L'attrezzatura necessaria per l'apicoltura e l'apicultura può essere suddivisa grossomodo in due compiti: l'attrezzatura necessaria per l'apicoltura e la gestione della colonia, e l'attrezzatura necessaria per l'estrazione e la lavorazione del miele.

Questo libro le presenta l'attrezzatura per l'apicoltura su rivista. Questa forma di apicoltura è la più diffusa oggi in Germania. Si tratta di un'arnia mobile. Nelle arnie mobili, i favi sono costruiti sui telai, che possono essere appesi nell'arnia con i telai e anche estratti di nuovo. Con questa forma di apicoltura, il miele può essere estratto mediante centrifugazione e non contiene quasi cera. Al contrario, i favi sono fissati nell'alveare dalle api nella cosiddetta arnia stabile. Qui non si possono semplicemente estrarre i favi. Devono essere tagliati per l'estrazione del miele. A questo punto si tagliano i favi e si estrae il miele premendo e scolando. Di conseguenza, il miele ottenuto in questo modo si chiama miele pressato o miele a goccia: Miele pressato o miele a goccia. In queste forme di miele, c'è un contenuto di cera maggiore, che cambia chiaramente il gusto.

Le arnie stabili hanno un'altra chiara differenza e allo stesso tempo un grave svantaggio rispetto alle arnie mobili, che le rende inadatte soprattutto agli apicoltori inesperti. Si ha una visione limitata della colonia dall'esterno, per cui si riconoscono malattie e altri problemi molto più tardi rispetto all'arnia mobile.

Alveare della rivista

Esistono diverse arnie da rivista, il che è dovuto principalmente alle diverse dimensioni dei telai utilizzati. Scopra in anticipo quali sono le dimensioni dei telai comuni nella sua zona. In questo modo sarà più facile per lei acquistare il materiale in seguito.

Naturalmente è libero di scegliere le dimensioni delle cornici, che può anche costruire da solo. Tuttavia, per facilitare il lavoro, è consigliabile attenersi alle dimensioni standard.

Un telaino forma uno strato nell'arnia rivista, che si può riempire con 6-12 telaini, misurati in base alle dimensioni dei telaini. A seconda dell'uso previsto, esistono anche telai speciali. Le mezze cornici, ad esempio, sono alte solo la metà e offrono spazio per cornici a metà altezza. Si possono utilizzare questi mezzi telai come camera del miele, ad esempio. Poi, soprattutto per l'alimentazione invernale, ci sono telai per il mangime che possono essere riempiti con mangime liquido. Il fondo dell'arnia da rivista è solitamente dotato di una griglia per garantire un buon ricambio d'aria. Può far scorrere un inserto inferiore sotto questa griglia per ottenere una chiusura ermetica.

Le cornici

I telai sono solitamente rinforzati con fili di ferro per facilitare la costruzione dei favi da parte delle api. Questo ha l'ulteriore vantaggio che i favi sono più stabili durante la filatura e non si rompono così facilmente. I favi vengono appesi nelle arnie da rivista. A tale scopo, la trave superiore, la barra del telaio, è circa un centimetro più lunga su entrambi i lati. Queste 'alette' rendono molto facile riconoscere il corretto utilizzo e la corretta sospensione.

Le dimensioni dei telaini differiscono notevolmente l'una dall'altra e deve sapere esattamente quale dimensione di telaino le serve prima dell'acquisto. Questo vale soprattutto per l'acquisto e la vendita di arnie, poiché queste vengono acquistate con i telai.

Nella tabella seguente troverà quattro dimensioni comuni a confronto. La tabella descrive l'altezza normale dei telai. Come già detto, esistono anche telai a mezza altezza, ad esempio per la camera del miele.

Dimensione	Larghezza in cm	Altezza in cm	Area alveolare in cm²
Misura standard tedesca	37	22,3	700
Misura Zander	42	22	764
Incubatrice Dadant	43,5	28,5	1096
Camera del miele Dadant	43,5	14,5	522

Il materiale del telaio è solitamente abete rosso o pino, ma esistono anche telai realizzati con il più duro legno di faggio. Il filo utilizzato è in acciaio inox, che può resistere al trattamento con acido formico contro gli acari della varroa senza corrodersi.

Tra le pareti centrali dei telai, cioè il centro di un pettine e il centro del pettine successivo, idealmente c'è una distanza di 35 millimetri. Questa distanza si chiama distanza tra i favi. Tra i favi c'è il corridoio che le api devono percorrere indisturbate su entrambi i favi. Questa distanza si chiama corridoio del favo. Se il corridoio del favo è troppo largo, si corre il rischio che le api creino un favo in più in natura. Poiché questo favo non è attaccato a un telaio, ma è a diretto contatto con le pareti laterali dei telai, non può semplicemente rimuoverlo, ma deve tagliarlo, come nel caso di una costruzione stabile.

Per mantenere la distanza, può ora fissare blocchi di legno o altri distanziatori ai telai, in modo da sapere sempre esattamente qual è la distanza ideale. Può anche utilizzare i cosiddetti pezzi laterali Hoffmanns. Questi pezzi laterali sono utilizzati per le lamelle laterali delle cornici e sono allargati in modo tale che le cornici si incastrino direttamente l'una nell'altra e la distanza ideale sia quindi data.

La parete centrale

Ha già conosciuto la parete centrale. Si tratta di una piastra di cera predeterminata che stabilizza i favi, facilita la costruzione da parte delle api e riduce la rottura dei favi durante la filatura. Può realizzare la propria parete centrale se è già in grado di estrarre la cera dalla sua colonia, oppure può acquistare le pareti centrali. Vengono offerte varie pareti di dimensioni diverse, sia laminate che fuse. Alcune sono certificate come non inquinanti.

Per collegare le pareti centrali al filo delle cornici, le appoggi sul filo e riscaldi il filo con una corrente. In questo modo, la cera si fonde localmente con i fili.

Se non vuole utilizzare le pareti centrali, si tratta di una costruzione a nido d'ape naturale. Di solito i telaini sono comunque cablati, ma esiste anche la variante di mettere i telaini a disposizione delle api completamente senza fili. Questo viene fatto spesso nell'apicoltura biologica. I telai vengono presentati alle api come i cosiddetti telai vuoti. Deve anche presentare alle sue api dei telai vuoti per la creazione di celle di ape nel nido di covata.

La costruzione selvaggia dei favi è solitamente indesiderabile, in quanto non è possibile raccogliere il miele mediante centrifugazione. In alcune forme di apicoltura, come l'apicoltura di brughiera, la costruzione selvaggia è deliberatamente preferita.

Tuttavia, se dispone di arnie da rivista, è vantaggioso prevenire la formazione di giochi. Per farlo, deve mantenere una distanza precisa tra i telaini. Nell'area libera sopra l'ultimo telaino, sotto il tetto dell'alveare, si possono costruire favi. Per evitare questo, copra il telaino superiore con un materiale impermeabile. Può trattarsi di una pellicola, una garza o simili. Il vantaggio della garza è che è permeabile all'aria e l'umidità non si accumula nell'alveare. Nel caso della carta stagnola, l'umidità può portare alla formazione di muffa in caso di dubbio, cosa che deve evitare a tutti i costi.

La tuta da apicoltore

Le api da miele di oggi sono molto più docili di quelle selvatiche e permettono ad un apicoltore esperto di lavorare senza guanti e protezioni per il viso. Se non ha esperienza nella manipolazione o se le sue api sono attualmente in un vuoto d'alveare, è consigliabile lavorare sempre con un equipaggiamento protettivo completo, poiché le api difendono con veemenza i loro depositi, soprattutto quando il cibo scarseggia.

La tuta dell'apicoltore è ariosa ma ben chiusa. Copre completamente le braccia e le gambe ed è realizzata in un tessuto ruvido e bianco. I polsini dovrebbero idealmente essere elasticizzati o simili, in modo da poterne variare l'ampiezza per far sì che l'abbigliamento sia ben aderente e non permetta alle api di strisciare all'interno.

Nasconda i suoi capelli sotto un cappello o una cuffia con un velo coordinato per proteggere il suo viso e il collo sensibile dalle api. In questo modo eviterà anche che le api si impiglino nei capelli e pungano per il panico.

I piedi sono avvolti in scarpe da lavoro chiuse a mezza altezza e per le mani ci sono guanti con polsini lunghi che aderiscono bene.

Abbigliamento per la lavorazione del miele

Manipoli il cibo nel momento in cui rimuove i favi per l'estrazione del miele. Il suo abbigliamento deve essere pulito e completo. I suoi capelli devono essere domati sotto un copricapo, ad esempio una rete per capelli, e i suoi abiti quotidiani sono sostituiti da una tuta o da un camice. Lavori sempre in modo igienico.

Fumatore

Come per tutte le creature viventi, un incendio è un segnale di allarme anche per le api. Si preparano a fuggire dall'alveare se il fuoco si avvicina. Pertanto, l'odore del fumo induce le api a tornare ai favi e a riempire la vescica del miele.

Può sfruttare questo comportamento con un fumatore per calmare le colonie irrequiete per un breve periodo e per poter svolgere il lavoro. In passato, il fumo veniva prodotto con la pipa dell'apicoltore, chiamata anche pipa Dathe. La pipa Dathe prende il nome dall'apicoltore Dathe, che la utilizzò per la prima volta e ne descrisse l'uso. Al giorno d'oggi, si utilizza quasi esclusivamente l'affumicatore, che produce un volume di fumo maggiore ed è più vantaggioso per la salute dell'apicoltore rispetto alla pipa.

Si assicuri di acquistare un affumicatore che bruci con un diametro di dieci centimetri. L'esperienza dimostra che gli affumicatori più piccoli funzionano in modo meno affidabile.

Il materiale per accendere il suo affumicatore è, ad esempio, trucioli di legno, fieno, rami più piccoli con foglie secche, erbe, trucioli di legno secchi e materiale simile, facilmente combustibile. Utilizzi carta di giornale o cartoni per uova per l'accensione. Aggiunga trucioli di legno o trucioli fini per rafforzare il fuoco e poi accumuli il materiale più grossolano.

Dopo aver utilizzato il suo affumicatore, è buona norma per l'apicoltura smaltire e spegnere le braci in modo responsabile, per non provocare un incendio.

Alternativa al fumatore: il nebulizzatore

L'acqua ha un effetto simile a quello del fumo sulle api. Anche se non si preparano a fuggire, diventano pigre e rimangono sui favi invece di volare in modo aggressivo e attaccarla. Quando utilizza gli spruzzatori d'acqua, si assicuri di non raffreddare le sue api, quindi utilizzi lo spruzzatore solo in giornate molto calde. I favi attirano l'acqua, quindi non è consigliabile utilizzare lo spruzzatore durante la raccolta del miele.

Nido d'ape

Un portapettine è una scatola rettangolare in cui può appendere i favi prelevati dall'arnia per guardarli, osservare le api o eseguire lavori sulla colonia. Un'arnia a favo le dà la possibilità di non dover appoggiare i favi a terra, cosa che può facilmente portare alla contaminazione. I telai a nido d'ape più comuni sono realizzati in alluminio, che può acquistare a seconda delle dimensioni dei telai. La scatola è aperta in alto e su un lato lungo, ha un fondo fisso e tre lati fissi. Faccia sempre attenzione ai favi che si trovano all'esterno dell'alveare per non perdere la regina per errore!

Scalpello a bastone

Il suo strumento universale come apicoltore è lo scalpello per alveari. Si tratta di uno scalpello piatto, solitamente in acciaio per molle, con un'estremità piegata ad angolo retto e un bordo rettificato simile a una lama all'altra estremità.

Lo scalpello dell'alveare è utile per sciogliere le aderenze. Le sue api stuccano e incerano l'intera struttura. Quindi, in caso di dubbio, rimuova la propoli e la cera con lo scalpello dell'alveare. La aiuta soprattutto con i telai o i telaietti incollati. Se i favi crescono selvaggiamente, può tagliarli con lo scalpello dell'alveare ed eliminarli.

Scopa d'api

Se desidera rimuovere i favi per l'estrazione del miele, deve trasportare le api sui favi nell'alveare. Sconfiggere le api dal favo non è consigliabile per un semplice motivo: il miele schizza fuori, si perde e si attacca alle api. Per questo motivo esiste la cosiddetta scopa per spazzare o scopa per api. Questa è realizzata con setole di plastica morbida, che non possono ferire le api, per garantire un lavoro igienico. Col tempo svilupperà la sua tecnica personale per spazzare le api dai favi. Faccia attenzione a non ferire le sue api, sia gentile e deliberato.

Se desidera rimuovere diversi favi, è consigliabile non spazzare le api direttamente nell'alveare, altrimenti si siederanno sul favo successivo e saranno spazzate via da lei più volte - questo causerà il malcontento e l'aggressività delle api. Invece, può spazzare le api in una tinozza o in un secchio e, dopo aver rimosso tutti i favi, riversarle con attenzione nell'alveare insieme.

Acqua

Uno degli utensili più importanti per l'apicoltore è l'acqua fresca. Lei lavora con il miele e ogni bambino lo sa: il miele è appiccicoso. Per consentire un lavoro igienico, è necessario pulire regolarmente gli utensili, le mani e i guanti dai residui appiccicosi. Questo è anche uno dei motivi per cui le scope di plastica sono particolarmente adatte per lavorare con le api.

La colonia di api nel corso dell'anno

I cambiamenti nella lunghezza della luce del giorno sono assolutamente identici ogni anno. Gli orari seguono uno schema fisso che non può essere modificato da nulla. Il clima non è altrettanto affidabile e dipende da molti fattori. L'anno delle api non inizia ogni anno nello stesso giorno o nella stessa settimana, ma è flessibile in base al clima e all'inizio della primavera. Questo non solo è diverso ogni anno, ma varia anche da regione a regione. Nelle regioni più meridionali, la primavera inizia prima rispetto alle zone più settentrionali e più alte. Non si limiti a seguire il calendario, ma si affidi ai suoi occhi e legga la natura per capire quando le sue api diventano attive.

È consigliabile che un apicoltore conosca il calendario fenologico. La fenologia descrive le fasi di crescita e i fenomeni di sviluppo in natura che si ripetono periodicamente nel corso dell'anno. Di conseguenza, nel calendario fenologico sono definite dieci stagioni, che possono essere definite dai rispettivi eventi che si verificano in natura. Le cosiddette piante indicatrici fenologiche, il cui tempo di fioritura caratteristico viene utilizzato come orientamento per la fenologia, sono particolarmente importanti in questo caso.

INIZIO PRIMAVERA

Le prime giornate calde, spesso a febbraio o marzo, annunciano l'inizio della primavera. Ora l'attività nell'alveare aumenta e ci si prepara su tutti i fronti per la nuova stagione riproduttiva. Le api preparano le celle di covata, la regina si mette in moto.

I cosiddetti voli di pulizia delle api si verificano non appena la temperatura dell'aria sale a dodici gradi Celsius. Per mantenere l'alveare pulito, le api non depositano le feci all'interno. Invece, le raccolgono nella loro vescica degli escrementi e ora sfruttano i primi giorni caldi per liberarsi della zavorra.

Anche i raccoglitori tornano attivi e svolgono il loro lavoro: fornire cibo alla colonia. Le fioriture precoci forniscono alla colonia di api nettare e polline. Le specie impollinate dal vento, come il nocciolo e l'ontano, forniscono ora una grande quantità di polline per soddisfare le esigenze proteiche della colonia. Gli amenti in fiore delle specie autoctone di salice, così come i fiori di farfara e ontano nero, forniscono molto nettare.

PRIMAVERA

Non appena il prugnolo e il ciliegio corniolo sono in piena fioritura, la primavera è arrivata. Uno dopo l'altro, si uniscono gli alberi da frutto: ciliegio in fiore, prugna in fiore, pera, seguiti da specie di acero.

Quando i meli, i cespugli di lillà e gli ippocastani finalmente fioriscono, siamo nella cosiddetta piena primavera. Ora, al più tardi, anche l'ultima ape dell'alveare è attivamente al lavoro.

Il raccolto di massa viene introdotto e la colonia cresce. Per ottenere il primo raccolto di massa in poche settimane, una colonia deve avere da 30.000 a 35.000 api operaie. Durante questo periodo, la regina, la sua corte e le api nutrici sono molto importanti per portare le larve in modo rapido e sano attraverso la metamorfosi. Nell'alveare, le ultime api invernali si mescolano con la prima generazione di api estive.

INIZIO ESTATE

Il suo inizio è indicato dalla fioritura delle erbe dolci autoctone, della robinia, del sambuco nero e del biancospino. Ora è il momento per l'apicoltore di prestare attenzione. Se la primavera ha mostrato una forte offerta di miele, i telaini a disposizione della colonia sono solitamente pieni e lo spazio nell'arnia diventa stretto. Ora sta a lei creare lo spazio sufficiente per le sue api per evitare la sciamatura. Ma come può prevenire efficacemente la sciamatura della sua colonia? Lo fa estraendo selettivamente le risorse: raccoglie il suo primo miele! In questo momento può anche formare delle propaggini con una colonia forte e sana. Questi processi si chiamano "coagulazione della colonia" e sono necessari per prevenire efficacemente la sciamatura.

MEZZA ESTATE

Le piante indicatrici dell'inizio dell'alta estate sono il girasole e il tiglio estivo. Le api che vivono in aree fortemente coltivate ora devono solitamente affrontare un vuoto d'alveare, poiché i raccolti di massa nei campi sono di solito tutti finiti. Le api di città raramente conoscono questo tipo di vuoto d'alveare, in quanto ci sono abbastanza piante ornamentali, almeno nei parchi e in alcuni giardini anteriori, su cui possono fare affidamento.

In piena estate possono verificarsi raccolti di melata pura. Tuttavia, non è possibile prevederlo o pianificarlo, in quanto lei, come apicoltore, non può influenzare in alcun modo lo sviluppo della popolazione di afidi.

La colonia stessa si sta lentamente preparando per l'inverno imminente. L'intensità della covata diminuisce, non c'è più crescita. Invece, la colonia immagazzina il miele - ed è un buon momento per lei come apicoltore per effettuare la seconda raccolta di miele. Per farlo, rimuova la camera del miele. Ora è importante che non la rimetta dopo che il miele è stato raccolto. Sta deliberatamente riducendo le dimensioni dell'alveare.

In piena estate, è molto raro ottenere un miele monovarietale. Invece, può aspettarsi una sorpresa di gusto che può variare a seconda dei fiori che le sue api hanno utilizzato per il foraggiamento. Questo è diverso nelle zone di brughiera, per esempio.

Queste aree sono anche chiamate aree di raccolta

tardiva. Qui, le piante a fioritura tardiva portano a una raccolta di massa, che può portare a un miele puro. Altri esempi, oltre alla brughiera, sono gli abeti della Foresta Nera - quando sono infestati dagli afidi. Qui si può ottenere un raccolto di melata pura. La raccolta del miele in queste aree viene spostata un po' più avanti nel corso dell'anno, per poter sfruttare appieno le fonti di miele.

TARDA ESTATE

La tarda estate inizia in modo abbastanza affidabile verso la fine di agosto. Le mele e le prugne sono ormai mature. Nella colonia di api, tutta l'attenzione è ora concentrata sulla conservazione delle scorte invernali. Non vengono appuntati nuovi favi di covata, ma tutti i favi liberi vengono utilizzati per la conservazione del miele. Più grande è la colonia, più sono necessarie le scorte, quindi è un buon segno se la sua colonia tende a ridursi verso l'inverno. A questo punto è difficile osservare i fuchi nella colonia.

La fine dell'estate è il momento ideale per controllare l'acaro varroa nella sua colonia. L'acaro si è diffuso quasi ovunque in Europa e difficilmente si trova in una colonia di api. La primavera e l'estate hanno permesso che si moltiplicasse nell'alveare e ora sta diventando un problema di salute.

INIZIO AUTUNNO

D'ora in poi, le api non volano più fuori per raccogliere. Rimangono nel loro alveare e vivono esclusivamente grazie alle scorte accumulate finora. Per consumare il meno possibile, le api smettono completamente di riprodursi. Le api che ora vivono nell'alveare sono le cosiddette api invernali, che sopravvivono fino alla primavera successiva per garantire l'approvvigionamento della regina.

In alcune regioni dove si coltivano molti ravanelli e senape bianca, queste piante possono fiorire in autunno. Se questo è il caso della sua regione, può confondere molto le sue colonie di api. Invece di riposare e prepararsi per l'inverno, volano fuori e raccolgono un po' di uva.

AUTUNNO E INVERNO

L'autunno pieno è indicato dalle castagne, che ora cadono mature dagli alberi. Anche i frutti di mela cotogna e le noci sono ormai pronti per la raccolta. C'è una transizione graduale verso il tardo autunno, che è caratterizzato principalmente dalla caduta del fogliame degli alberi decidui.

Le api non volano ora. Poiché non c'è alcuna prospettiva di impollinazione in nessun luogo, i voli sono una perdita di tempo e di energia. Nelle giornate più calde, le api volano al massimo per un breve periodo per "andare al bagno", cioè per svuotare la vescica degli escrementi. Il loro compito principale è quello di tenere al caldo la regina e di riscaldare l'alveare. Fino alla primavera successiva, una colonia consuma non meno di 20 chili di scorte. Durante questo periodo, la colonia è molto vulnerabile e aperta agli attacchi dei predatori. I piccoli mammiferi, come i toporagni, possono entrare negli alveari, così come gli uccelli più piccoli. I picchi possono fare dei buchi nelle arnie di legno e anche altri animali possono danneggiare i telai di legno. Ogni buco, ogni crepa significa una perdita significativa di calore, che le operaie non saranno più in grado di compensare. La colonia morirà congelata.

Anche gli acari Varroa rappresentano un pericolo in questo periodo. Indeboliscono le api succhiando l'emolinfa. Gli animali indeboliti sono meno capaci di lavorare, hanno bisogno di più cibo e sono più suscettibili alle malattie trasmesse dall'acaro.

Si fa sul serio: lavorare sulla sua colonia di api

Quando lavora intorno alla colonia di api, lei come apicoltore di solito si trova direttamente davanti all'alveare aperto e ha un contatto diretto con le api. Può succedere che le api la vedano come un pericolo e reagiscano in modo aggressivo. Pertanto, oltre ad un abbigliamento protettivo adeguato, è particolarmente importante lavorare con calma e in modo pianificato.

Sia chiaro in anticipo sui compiti da svolgere per ridurre al minimo il disturbo alle api. Lavori lentamente e con calma, in modo pulito e sempre secondo un piano preciso. Dovrebbe evitare di lavorare su più colonie contemporaneamente, anche perché le api potrebbero reagire in modo aggressivo nei suoi confronti a causa dello strano odore.

Il lavoro sull'alveare si svolge solo con tempo bello e asciutto.

Prima di iniziare, si assicuri di conoscere esattamente il lavoro da svolgere e di aver predisposto tutti gli utensili necessari per questo lavoro. In questo caso è anche consigliabile aver creato uno spazio sufficiente. Quando solleva le cornici, non deve appoggiarle sul pavimento per motivi di igiene. Quando rimuove una cornice, deve avere il supporto per il pettine pronto.

Quindi vede: lavorare senza pensare non la porterà da nessuna parte nell'alveare e causerà solo frenesia e stress, che le sue api noteranno e a cui reagiranno.

GESTIONE DELLO SPAZIO

Per sopravvivere bene all'inverno, le api preferiscono un'arnia con un volume di circa 40 litri. Possono riscaldare abbastanza bene questo piccolo spazio e mantenerlo caldo. Quando arriva la primavera, la colonia inizia a crescere. Ora lei, come apicoltore, deve attivarsi per evitare la sciamatura. Dà alle sue api più spazio. Il vantaggio per lei è che una colonia grande può produrre più miele. Sverna la colonia in una cella singola, con un solo telaino, pavimento e tetto. In estate, viene aggiunto un secondo telaio. Il momento migliore per inserire il secondo telaio è quando la colonia riempie l'intero primo telaio. Se la colonia riempie anche il secondo telaio, ha raggiunto le dimensioni di una colonia commerciale. Solo ora, con una colonia di queste dimensioni, può raccogliere il miele senza privare le sue api di una parte eccessiva del loro sostentamento.

Con l'avvicinarsi della seconda metà dell'anno e della fine dell'estate, le api iniziano a prepararsi per l'inverno imminente e a ridurre le dimensioni della colonia. Settembre è il momento giusto per rimuovere il secondo telaino e svernare la colonia in un unico telaio. Tuttavia, questo può comportare problemi di spazio con le colonie commerciali di grandi dimensioni. È ragionevole decidere se svernare con uno o due telai in base alle dimensioni della sua colonia a settembre. Un telaino è perfettamente adeguato per circa 5.000 api. Due telai offrono spazio e disposizioni per l'inverno per una colonia di 15.000 api.

Quanto più arido è il paesaggio e quanto più freddo è l'inverno, tanto più piccola dovrebbe svernare la sua preda.

PROPAGARE LA COLONIA

La propagazione pianificata della colonia di api attraverso la formazione di una propaggine avviene per evitare una sciamatura non pianificata. Esistono diversi modi per formare propaggini dalla propria colonia. In questo libro le verranno presentati tre di questi. Come regola generale, se si formano le propaggini all'inizio dell'anno, hanno più tempo per crescere e prepararsi allo svernamento. Tuttavia, se si formano le propaggini troppo presto, un'ondata di freddo inaspettata, come quella che si verifica spesso a maggio, può essere fatale per la colonia ancora debole. Non troveranno cibo sufficiente durante questo periodo di freddo e non saranno in grado di mantenere l'alveare ad una temperatura costante di oltre 30 gradi.

Avannotteria
La covata viene trasferita in un'arnia a guscio singolo. La prole è composta da:

- Due favi da foraggio o da miele

- Un pettine per il polline

- Diversi numeri di favi di covata (in linea di principio, il numero corrisponde al mese corrente più 1 favo)

- Telai, possibilmente con pareti centrali per facilitare l'accesso alle api.

- Una cella regina pronta per la schiusa

I favi di covata vengono rimossi con le api residenti, cioè le api che sono sedute sui favi al momento della rimozione si spostano con loro. È possibile rimuovere i favi di covata da colonie diverse, a condizione che siano tutte assolutamente sane. È anche possibile formare un'arnia di covata con un solo favo di covata. In questo caso, tuttavia, la piccola colonia richiede una cura supplementare e potrebbe essere consigliabile scegliere un alloggiamento più piccolo per l'inizio, in modo da facilitare il riscaldamento delle api.

Non collochi l'arnia di covata vicino alla colonia originale, altrimenti le api faranno il viaggio di ritorno lì e non rimarranno nella nuova arnia che ha formato. Una volta che la colonia si è stabilita, può restituire l'arnia, ora le api appartengono alla nuova colonia. Lo si vede molto facilmente quando la regina inizia a deporre le proprie uova.

La regina è idealmente collocata nell'arnia di covata con una cella regina pronta a schiudersi. Una regina in cova viene sempre accettata, ma se si inserisce una regina giovane nella colonia, spesso viene respinta. Se le api sono in grado di farlo, prenderanno la propria regina da una cella di sostituzione. È anche possibile prendere la regina per l'alveare di covata dalla vecchia colonia. In questo caso, però, non deve mescolare api di colonie diverse. La colonia senza regina crescerà poi una nuova regina dalle celle di sostituzione.

Sciame artificiale

Un'altra possibilità per formare un rampollo è lo sciame artificiale. Questo simula la formazione di uno sciame e la sua colonia è costretta a ricominciare completamente da capo. Ciò significa che porta con sé solo le api in un alveare nuovo e vuoto. La costruzione del favo deve iniziare da zero, si devono raccogliere le prime scorte e infine si devono deporre le prime uova.

Questo tipo di formazione dell'alveare è adatto anche per riabilitare un alloggiamento per api non igienico o gravemente invecchiato. Non occupano i favi o i depositi. A volte questa può essere l'ultima possibilità di salvare la sua colonia dall'acaro Varroa. Se c'è un'infestazione, può effettuare un trattamento contro l'acaro della varroa nei primi giorni dopo il trasloco.

Per trasferire una colonia in questo modo - o per formare una progenie - spazza le api dai vecchi favi nel nuovo alloggiamento. Per garantire che le api siano nutrite durante i primi giorni, potrebbe essere necessario offrire dei favi da foraggiamento. A questo scopo sono adatti la pasta alimentare, il mangime liquido o i favi di miele provenienti da alveari puliti. La regina viene solitamente aggiunta a mano a uno sciame artificiale. Per evitare che la regina venga respinta, la si colloca in una sorta di gabbia nel nuovo alloggiamento. Questa gabbia viene chiusa con un tappo di cibo, che viene consumato dopo alcuni giorni e la regina viene rilasciata. Durante questi giorni, la colonia e la regina hanno il tempo di abituarsi l'una all'altra e di avviare i primi contatti attraverso la gabbia.

Può accadere che le api non siano soddisfatte della nuova casa che ha dato loro e vogliano trasferirsi di nuovo direttamente. Deve evitarlo a tutti i costi, se non vuole perdere lo sciame. Per assicurarsi che le api si abituino alla loro nuova casa, chiuda il foro di volo per uno o due giorni. È abbastanza facile spiegare perché uno sciame artificiale ha bisogno di alcuni giorni per abituarsi alla sua nuova casa, ma uno sciame formato naturalmente non ha questo problema. Prima di sciamare, una colonia attraversa diverse fasi di preparazione. Tra le altre cose, le ghiandole di cera delle operaie vengono riattivate, le api riempiono le loro vesciche di miele con le provviste e la regina viene preparata per il volo.

Lo sciame artificiale non ha questo tempo di preparazione, quindi ha bisogno di alcuni giorni per attivare le sue api costruttrici. Non appena si formano i primi favi, lo sciame si stabilizza e non è più necessario spostarsi di nuovo. Forse ricorda ancora il pericolo del foro di volo chiuso: la colonia può facilmente surriscaldarsi perché non può raffreddarsi. Si assicuri quindi di collocare l'al-

veare in un luogo fresco durante questo periodo. Questo
ha fatto nascere il termine "fermo in cantina" come sino-
nimo di questo periodo.

Divisione in Flugling e Fegling

La divisione della sua colonia in flightling e fegling avviene sempre in una giornata intensa nell'alveare. Si appro-
fitta del fatto che quasi tutti i raccoglitori sono in volo per
il foraggiamento e si rimuove la vecchia arnia dal suo
posto.

Esattamente nello stesso luogo, in modo che anche i
raccoglitori possano ritrovare la strada, collochi un nuovo
alveare in cui appenda alcune celle di covata della vecchia
colonia, oltre a due favi di cibo o di miele. Si assicuri di
utilizzare celle di covata che contengano per lo più covata
incappucciata che si schiuderà presto. Questa parte della
colonia è chiamata flightling, in quanto ora è tempo-
raneamente composta quasi interamente da api volanti. È
necessario aggiungere una regina alla colonia di volo. Lo
si può fare aggiungendo una cella regina pronta a schiudersi o aggiungendo una regina in una gabbia.

La femmina di volatile non è in grado di allevare una
regina attraverso il rifornimento di cellule. Ciò che è possibile, tuttavia, è aggiungere la vecchia regina all'involucro. Le api che rimangono nell'alveare vecchio formano la
fegling. Il motivo è che le api che vengono tolte con i favi
di covata per l'involucro vengono riportate nella vecchia
colonia. Nell'alveare del fegling si chiude il vuoto creato
dai favi di covata rimossi, spostando i favi di covata verso

l'alto. Si assicuri che ci sia abbastanza cibo nella colonia, poiché il fegling non contiene quasi più api volanti per un breve periodo, che potrebbero portare tracht. Il fegling può occuparsi da solo di una regina, creando nuove celle. Naturalmente, può anche lasciare la vecchia regina nella colonia o aggiungere una cellula regina pronta a schiudersi.

La creazione di una regina è possibile solo se c'è covata scoperta o uova nella nidiata. La covata coperta è già troppo vecchia e non può più essere allevata in regine dalle operaie. Pertanto, non è possibile che la mosca formi celle di rifornimento, dato che lei stesso ha avuto cura di inserire favi di covata coperti, in modo che la colonia abbia rapidamente una prole giovane.

AGGIUNGERE LA REGINA

Se desidera creare delle propaggini dalla sua colonia, in alcuni casi è necessario aggiungere una regina, se la sua colonia non è in grado di produrre una nuova regina propria. Si tratta di un processo piuttosto difficile, in quanto le regine straniere vengono accettate solo con riluttanza. Creando le condizioni adatte, può aumentare la probabilità che la nuova regina venga accettata.

Si assicuri che la colonia in cui desidera inserire la nuova regina non abbia celle di covata aperte. È ammessa la covata coperta. Si assicuri anche che non ci siano celle di regina nella colonia.

Le regine giovani e accoppiate hanno maggiori possibilità di essere accettate con successo rispetto a quelle che aggiungono una regina non accoppiata alla prole.

Non si limiti a collocare la regina straniera nella sua nuova colonia, ma la protegga nei primi giorni con la gabbia già menzionata, nota anche come gabbia di introduzione. Questo dà alle api il tempo di abituarsi all'odore della nuova regina e di stabilire un primo contatto con lei. Dopo aver appeso la gabbia nella colonia, deve lasciarla in pace per il momento. Durante questo periodo, si limiti ad osservarla dall'esterno senza aprire l'alveare. Le api sono tranquille, il loro lavoro è regolare? Dopo circa due settimane può osare guardare all'interno dell'alveare. Un segno sicuro che la colonia ha accettato la regina è la presenza di covata fresca.

Allevare le proprie regine è consigliato solo agli apicoltori esperti, poiché l'allevamento delle regine non è facile. Tuttavia, può chiedere alla sua associazione di apicoltori dove può acquistare regine sane. Queste regine sono solitamente codificate per colore, in modo da poter annotare esattamente l'età di ciascuna regina.

RIASSETTO PIANIFICATO

Il processo di reversione si riferisce alla sostituzione della vecchia ape regina con una nuova. La colonia di api lo fa automaticamente in alcune situazioni. Tuttavia, ci sono anche situazioni in cui lei, come apicoltore, desidera sostituire una regina in modo specifico. Può farlo, ad esempio, prima che le prestazioni di deposizione della vecchia regina diminuiscano, per mantenere forte la sua colonia. Un altro motivo per sostituire la regina è una colonia aggressiva. L'aumento dell'aggressività può essere genetico. Aggiungendo una regina allevata per la delicatezza, può influenzare il comportamento.

Per trasferire una colonia secondo il piano, deve innanzitutto rimuovere la vecchia regina dalla colonia. Le colonie senza una regina, senza una cellula di ape regina e senza la possibilità di formare nuove cellule, accetteranno più facilmente una nuova regina da lei offerta.

Attenda alcuni giorni dopo aver rimosso la vecchia regina e poi dia un'occhiata all'interno dell'alveare. Se il suo piano dichiarato è quello di integrare una regina acquistata, in questo momento dovrebbe rimuovere le cellule regina esistenti o le celle di ricostituzione. Se non trova alcuna cellula regina o cellula di ricostituzione dopo questi giorni di attesa, si può presumere che ci sia ancora una regina nella colonia, che deve prima trovare. Una volta rimosse tutte le regine, le celle della regina e le celle di ricostituzione, può appendere la sua nuova regina tra i favi nella gabbia aggiuntiva e iniziare il tentativo di integrazione.

RIAPPLICARE I FAVI

Secondo il libro di testo, il nido di covata si trova sempre al centro ed è circondato a sinistra e a destra da diversi favi che servono a conservare il miele. Non si allarmi se all'apertura dell'alveare vedrà un'immagine diversa. Naturalmente ora può spostare il nido di covata e posizionarlo al centro del telaio, ma può anche lasciarlo dov'è, secondo il motto: "Le api sapranno già cosa stanno facendo". Ciò che deciderà alla fine dipende sempre dalla sua colonia e dalle circostanze.

Tuttavia, se decide di spostare il nido di covata, dovrebbe farlo solo nel suo insieme e non scambiare i favi. Altrimenti corre il rischio di distruggere il nido di covata e di confondere inutilmente le api, disturbando il loro flusso di lavoro. Il processo di riorganizzazione dei favi si chiama correzione dell'adattamento delle api. In alcune situazioni può accadere che tra un favo e l'altro ci siano dei favi vuoti e, ad esempio - questo accade spesso in primavera dopo l'inverno - un favo vuoto separa il nido di covata da un favo appeso dietro di esso, che contiene ancora molte scorte. Le api hanno perso il contatto con il favo pieno e stanno morendo di fame, anche se il cibo è ancora disponibile. In questo caso ha senso correggere i favi. La ristrutturazione può avere senso anche se desidera appendere nuovi favi, ad esempio per creare più spazio per il nido di covata o per appendere un favo di droni in primavera.

Le api non producono miele per gli esseri umani. Producono e immagazzinano solo la quantità necessaria come colonia per superare l'inverno, nutrire la covata e sopravvivere. Gli esseri umani non sono destinati a questo e per ogni miele che lei preleva dall'alveare, le api pagano a caro prezzo un'alimentazione troppo scarsa. Pertanto, è indispensabile che lei alimenti le sue api per garantire la loro sopravvivenza. Non prenda mai tutto il miele dall'alveare. Il miele che si trova vicino al nido di covata rimane in ogni caso come scorta rapida per le api, per superare i periodi di maltempo.

Alimentazione invernale

Per la nutrizione invernale, si utilizza una soluzione liquida di zucchero, da offrire alle api all'interno dell'alveare. Il momento adatto per la nutrizione è il tardo pomeriggio/sera. A questo punto le api si ritirano nell'alveare per la notte e c'è meno pericolo che le colonie vicine vengano a fare irruzione. A questo punto, metta un telaio vuoto sull'arnia e collochi il mangime liquido in un secchio sui telai superiori. Metta della paglia, del sughero o un materiale simile nella soluzione, in modo che le api abbiano sempre un posto dove sedersi, altrimenti annegheranno durante la nutrizione.

La soluzione zuccherina stessa viene preparata in un rapporto di miscelazione di 2 a 3. Due parti di acqua fresca e tre parti di zucchero domestico commerciale. Lo zucchero ha bisogno di un po' di tempo per dissolversi nell'acqua, in quanto non deve riscaldare la soluzione, che accelererebbe il processo, ma produrrebbe idrossimetilfur-furato (HMF), che è dannoso per le api. Pertanto, dovrebbe preparare la soluzione la sera prima e mescolarla di tanto in tanto.

Alimentazione di emergenza

Se c'è un vuoto nell'alveare in estate, una colonia numerosa può avere gravi problemi a sopravvivere a questo vuoto. L'elevata attività e il tasso di crescita della colonia, precedentemente accumulati, richiedono un'alimentazione costantemente stabile. Se manca il polline, le scorte si esauriscono e le api iniziano a morire di fame. Per evitare di morire di fame, è necessario effettuare un'alimentazione di emergenza.

La pasta per mangimi viene utilizzata per l'alimentazione di emergenza. Può acquistare la pasta di alimentazione nei negozi o prepararla lei stesso. Per farlo, mescoli cinque chili di zucchero a velo con un chilo del suo miele. Se l'impasto diventa troppo secco, aggiunga un goccio d'acqua. Si noti che quest'anno non è possibile raccogliere altro miele dopo l'alimentazione di emergenza, se questa avviene in estate. L'alimentazione d'emergenza in primavera richiede un alto livello di conoscenza da parte sua per poter effettuare una raccolta di miele nello stesso anno, perché non le è consentito raccogliere il mangime immagazzinato.

Una buona opzione è quella di appendere i favi

nell'alveare quando il cibo scarseggia. Quindi, se ha ancora dei favi di riserva, dovrebbe sempre utilizzarli per primi, perché poi potrà raccogliere il miele senza problemi.

CONTROLLI LE SUE API DA MIELE

Come apicoltore, si assume la responsabilità delle sue api. Ora deve controllare regolarmente se i suoi animali stanno bene o se ci sono problemi. In inverno, è perfettamente sufficiente effettuare un controllo ogni 2 o 3 settimane. Qui si riduce al controllo della pacciamatura. Se questo è tipico della stagione, si può omettere un controllo dettagliato di ogni singolo pettine. Questo è particolarmente pratico in inverno, in quanto si corre il rischio di raffreddare troppo le api estraendo i favi.

In estate, le ispezioni dovrebbero essere più regolari e approfondite, soprattutto per individuare e prevenire la sciamatura in fase iniziale.

Soprattutto in primavera e in autunno, dovrebbe effettuare ispezioni più approfondite. Queste ispezioni si chiamano ispezione di primavera e ispezione d'autunno.

Inserisca ogni ispezione, di qualsiasi tipo, nelle sue schede di magazzino. In questo modo ha una documentazione completa e la possibilità di ripercorrere le sue azioni in seguito. Le schede alveare servono anche a mantenere in salute le colonie di api.

Spazzatura

Il fondo delle arnie da rivista ha la possibilità di inserire una tavola di fondo in legno o altro materiale. Questa tavola è chiamata tavola di fondo, pannolino per rifiuti, inserto di fondo o cursore diagnostico. La tavola non va lasciata nell'arnia in modo permanente, perché attira parassiti e predatori. Le api sono anche animali molto puliti che ripuliscono i loro rifiuti per mantenere l'alveare pulito. Quindi, per evitare che le api puliscano il pannello inferiore, collochi una griglia tra l'alveare e il pannello inferiore, in modo che le api non possano attraversarlo. Dopo circa tre giorni, rimuova la tavola dei rifiuti e la griglia, in modo che le api possano riprendere a pulire il pavimento.

Il vetrino è particolarmente adatto per la diagnosi e l'ispezione nei periodi freddi, quando non si vuole aprire l'alveare. In primavera, non appena arrivano le prime giornate calde, può inserire il vetrino diagnostico. Se vi trova dei fiocchi di cera incolore, questo è un segno che le api costruttrici sono attive e coprono le celle di covata. La sua colonia ha iniziato a covare. Se trova delle piccole briciole di cera marrone con delle fibre sottili attaccate ad esse, questo è un segno che le prime operaie si sono schiuse. Le fibre sono i resti del bozzolo. Il modo migliore per identificare e guardare attraverso i detriti è con una lente d'ingrandimento.

Alla fine di marzo, può valutare facilmente la posizione del nido di covata osservando il modello di spazzatura. Ciò consente di trarre conclusioni sulle dimensioni e sull'attività del nido di covata. Se trova briciole bianche, quasi traslucide, può essere certo che il cibo invernale è ancora presente. Le briciole provengono dall'apertura delle coperture di cera dei favi di cibo.

Le dimensioni del nido di covata e se le api stanno ancora covando attivamente possono essere viste in autunno osservando gli escrementi. In questo periodo e nel corso dell'inverno, gli escrementi le forniscono anche informazioni sul carico parassitario della colonia e se i predatori stanno manomettendo la sua colonia.

Le parti di api morte nella spazzatura forniscono prove di intrusi, come il toporagno - un roditore insettivoro - o vespe e calabroni. I calabroni utilizzano le parti dell'ape ricche di proteine - il torace con i muscoli del volo - per nutrire la loro covata. Lo stato dell'acaro varroa nell'alveare può essere letto anche dagli escrementi.

La revisione di primavera

Quando finalmente fa caldo e c'è il sole, è il momento dell'ispezione primaverile. Estragga i favi uno per uno e li ispezioni con molta attenzione. Si ricordi sempre di farlo solo se la sua colonia non può morire di freddo! La temperatura esterna deve essere appena inferiore ai 20 gradi, la giornata deve essere soleggiata e senza vento. Non sia frenetico durante l'ispezione primaverile, ma mantenga il lavoro il più breve possibile. Tutti gli strumenti necessari - affumicatore, scopa per spazzare, acqua per la pulizia, portapettine per appendere i pettini - sono sicuramente pronti!

Dato che durante l'ispezione primaverile ha comunque in mano tutti i pettini, in questo momento prenda anche un campione della corona della mangiatoia per la diagnosi della peste americana.

L'ispezione primaverile coincide con il cambio di generazione all'interno della colonia di api. Le api invernali muoiono, le prime api estive si stanno già schiudendo. Presti attenzione alla quantità e alla qualità delle celle di covata. Ci sono abbastanza spilli, covata aperta e covata chiusa?

Ispezioni i danni causati dagli intrusi durante l'inverno. Rimuova le tracce di alimentazione sui favi o le ragnatele e le larve di tarme della cera, i favi ammuffiti e simili. Riempia gli spazi vuoti con favi vuoti o favi centrali. Rimuova anche i favi di cibo che ha collocato in autunno, anche se contengono ancora resti di cibo inutilizzato. Altrimenti, il cibo in essi contenuto può essere trasferito nella camera del miele e alterare il raccolto di miele.

Se la sua colonia non è sopravvissuta all'inverno, deve fare un esame approfondito del disastro. Faccia una necroscopia e cerchi di scoprire le cause. La colonia è morta di freddo o di fame? Ci sono stati degli intrusi? La causa di solito risiede in piccoli o grandi errori durante lo svernamento, che ora devono essere indagati per evitarli l'anno prossimo.

Controlli dello sciame

I controlli della sciamatura devono essere effettuati settimanalmente dalla fine di aprile all'inizio di luglio. Con una colonia sana ed economica, si può presumere che sia abbastanza forte da prepararsi alla sciamatura.

Può riconoscere i segnali di avvertimento che la sua colonia sta pensando di sciamare, ispezionando accuratamente i favi. Gli apicoltori esperti utilizzano il cosiddetto metodo del ribaltamento per verificare il comportamento della sciamatura, ma come principiante non può ancora farlo facilmente. L'ispezione è più precisa e approfondita.

Ciò che può vedere nell'ispezione quando la sua colonia si sta preparando alla sciamatura sono le tazze di gioco e le celle di sciamatura (celle della regina). Le tazze di gioco sono celle non appuntate che le operaie creano ma non utilizzano ancora. Una cella regina diventa una cella regina non appena la regina vi ha deposto un uovo.

Se durante l'ispezione trova tazze di gioco e celle della regina aperte, deve schiacciarle ogni volta. Una cella regina chiusa è un segnale di allarme. Non le distrugga. Dopo l'accoppiamento, occorrono solo sei giorni perché la nuova regina si schiuda. Se trova celle della regina chiuse, la vecchia regina di solito è già partita con uno sciame. Ha perso lo sciame. Non è la fine del mondo, ma deve assolutamente lasciare la cella regina al suo posto in questo momento, perché la sua colonia ha bisogno di una nuova regina.

I segni che la colonia ha ancora una regina sono gli spilli appena posati nel nido di covata. Circa tre giorni prima della sciamatura, la vecchia regina smette di deporre uova. Quindi, se non trova nessuna di queste penne fresche, è probabile che la regina si sia già trasferita. Ora non le resta che controllare gli alberi circostanti. Forse può ancora trovare e catturare il suo sciame.

Revisione autunnale approfondita

Gli ultimi giorni caldi dell'autunno sono la sua ultima occasione per programmare un check-up approfondito per trovare e risolvere gli ultimi problemi prima del rimessaggio invernale. Le domande che deve assolutamente chiarire con l'ispezione autunnale sono:

• Le dimensioni della colonia: lo spazio è sufficiente? Deve ridurre le dimensioni dello spazio?

• La salute delle persone: trova segni di malattia?

• Scorte alimentari: le scorte che le persone hanno accumulato da sole sono sufficienti, o deve nutrirle lei?

• Acaro Varroa: quanto è grave l'infestazione?

• Misure invernali: La colonia è svernata?

Il fabbisogno di spazio della colonia deve essere così ridotto in inverno che la colonia possa mantenere l'alveare alla temperatura operativa con poco sforzo. Se le api devono lavorare molto per questo, il consumo delle scorte aumenta troppo. Quindi, riduca la camera di covata e valuti la forza della sua colonia sulla base della covata ancora attiva, non appena la regina smette di deporre uova per l'inverno.

La salute delle api può essere determinata da un lato

dagli animali stessi e dall'altro dalle loro condizioni nutrizionali. Se trova api morte nella colonia o nella sporcizia, questo è sempre un segnale di allarme. Come ha già imparato, le api sono animali molto puliti che non tollerano la contaminazione nell'alveare. In questo caso, indaghi sulla causa, chieda consiglio al suo mentore apicoltore e a un veterinario specializzato in api.

Ad agosto ha effettuato l'alimentazione invernale per dare alle sue api la possibilità di immagazzinare facilmente le scorte. Ora utilizza l'ispezione autunnale per verificare le scorte che effettivamente ha. Queste dipendono dalle condizioni. Può darsi che le api abbiano consumato molto a causa di vuoti nell'alveare, giorni di pioggia o simili. D'altra parte, una fine estate e un inizio autunno favorevoli alle api potrebbero aver portato più alveari, in modo che ora ci siano grandi scorte di foraggio.

Una colonia commerciale che si vuole svernare con due arnie ha bisogno di 18-22 chilogrammi di scorte. Nel caso di un'arnia a un solo braccio, sono sufficienti da 12 a 15 chilogrammi di scorte per l'inverno. Un favo pieno secondo la Misura Normale tedesca corrisponde a due chilogrammi. Con la misura Zander, corrisponde a circa 2,5 chilogrammi.

Le operazioni di volo delle api cesseranno completamente tra ottobre e novembre, a seconda del clima. A quel punto dovrebbe aver reintegrato il mangime. Se fosse necessario offrire nuovamente il mangime, dovrebbe farlo prima di questo periodo! Informazioni più dettagliate sull'acaro della varroa si trovano in un capitolo successivo. Qui va detto brevemente che l'ispezione autunnale è l'ultima possibilità per valutare l'infestazione da acaro. A questo scopo può utilizzare l'ispezione della covata. L'acaro Varroa infesta la covata e - se non c'è covata - gli operai adulti. Tratta con acido ossalico in autunno, quando la colonia non ha più covata.

Le misure di protezione intorno all'inverno devono ora essere controllate e installate. Il foro d'ingresso è l'unica via d'accesso all'alveare. In autunno e infine in inverno è incustodito, poiché le api si sono ritirate nel gruppo invernale, e i predatori possono facilmente entrare e uscire. Già al momento dell'alimentazione invernale è possibile ridurre le dimensioni del foro d'entrata utilizzando dei cunei per il foro d'entrata e limitare così la predazione tra le colonie.

Contro i toporagni e gli uccelli più piccoli può ora applicare anche una griglia per topi o una rete. Può stendere delle reti sopra la preda per tenere lontani picchi e corvi dalle persone e soprattutto dalla sua abitazione, in modo che non si possa fare un buco nel guscio esterno. Protegga il suo alveare dalle tempeste autunnali e invernali, in modo che non possa essere rovesciato e distrutto.

Controlli invernali

I controlli durante la stagione fredda vengono effettuati solo dall'esterno. Qui si controlla regolarmente se le misure di protezione sono ancora intatte. La griglia per i topi si è spostata e la rete è ancora fissata correttamente? Anche l'arnia stessa viene ispezionata per vedere se i telai sono stati spostati da tempeste o altri impatti e se sono ancora correttamente posizionati l'uno sull'altro. Eventuali danni causati da animali selvatici devono essere riparati immediatamente. A seconda della regione, i procioni possono anche attaccare la preda e in casi non rari la preda viene rovesciata e aperta.

Gli alveari rotti di solito non possono più essere salvati, poiché le colonie si raffreddano bruscamente e muoiono rapidamente. Può cercare di salvare un alveare appena rotto isolandolo immediatamente. Chiuda tutti i fori per evitare correnti d'aria e la penetrazione di aria fredda.

DOCUMENTAZIONE DEL SUO LAVORO

Parte dello sviluppo di una buona pratica apistica è imparare dai propri errori e non ripeterli. Dopo tutto, lei vuole solo il meglio per i suoi animali. Il modo migliore per riconoscere gli errori è avere una documentazione funzionante. Soprattutto se si occupa di diverse colonie, la mappa dell'alveare, che viene conservata individualmente per ogni alveare, le facilita la lettura e il ricordo di determinate condizioni, eventi e lavori svolti.

Mappa delle canne

Tutto ciò che accade intorno alla sua colonia viene inserito qui. Dati e fatti sulla regina, i trattamenti antiacaro, i risultati del letame e delle ispezioni primaverili e autunnali, ecc. Tutto ciò che le sembra importante e tutto ciò che non le sembra importante viene annotato nella scheda dell'alveare.

Libro sul miele

Nel libro del miele si registra tutto ciò che riguarda il proprio miele, in modo che per ogni vasetto sia comprensibile quando è stato raccolto, quando è stato estratto, imbottigliato e conservato. Anche i numeri di lotto, che lei come venditore di miele è obbligato ad assegnare, sono annotati nel libro del miele.

Libro delle azioni

L'uso di farmaci di sola farmacia deve essere documentato in base all'Ordinanza sulla verifica dei farmaci dei detentori di animali. Questi farmaci di sola farmacia comprendono anche gli acidi utilizzati per combattere l'acaro Varroa. Per tenere traccia di tutti i trattamenti veterinari e curativi che somministra alle sue api, è utile inserire nel libro delle scorte anche i trattamenti e le applicazioni non farmaceutiche.

Il nido d'ape e la cera

In natura, le api cambiano regolarmente alloggio, lasciano i vecchi favi e iniziano a costruirne di nuovi da zero. Tra l'altro, questo ha aspetti igienici, perché gli agenti patogeni e i parassiti si accumulano nella cera dei favi usati.

La cera, che proviene dalle ghiandole delle api operaie, è incolore e biancastra, traslucida. Ottiene il suo tipico colore giallastro attraverso il contatto con il polline, il nettare e le api stesse. Il polline, in particolare, è un vero e proprio agente colorante e fa perdere rapidamente alla cera il suo colore bianco puro. Questo non è ancora un problema, in quanto si tratta solo dell'accumulo di coloranti liposolubili.

La contaminazione si verifica nei favi di covata a causa dei lasciti delle larve e, naturalmente, dei resti delle pupe. Le api pulitrici cercano di pulirli e disinfettarli con la loro saliva e l'uso della propoli. La propoli ha un colore marrone scuro, che viene gradualmente trasferito alle celle di covata, che diventano di colore marrone scuro intenso. Le api pulitrici non riescono a pulire nuovamente il favo al 100 %, i resti di ogni covata rimangono nel favo. Questo materiale organico è un buon terreno di coltura per batteri, germi e parassiti. La tarma della cera, ad esempio, è uno di questi parassiti. La piccola tarma della cera vive nelle celle di covata e scava gallerie attraverso la cera da una cella di covata all'altra, dove si nutre degli avanzi e dei detriti.

I batteri che si trovano nei detriti organici sono talvolta infettivi per diversi anni e portano a una costante reinfezione delle api appena nate. Questo è anche uno dei motivi per cui non bisogna mai scambiare i favi tra le colonie.

IDENTIFICARE E SOSTITUIRE I PETTINI VECCHI

Il suo compito di apicoltore coscienzioso è quello di sostituire e rinnovare regolarmente i favi. Per farlo senza perdere covata, può sfruttare il comportamento delle sue api.

Le scorte di miele a lungo termine vengono sempre conservate lontano dal foro della mosca, cioè in un'area che si trova nel telaio superiore delle colonie a due barili. Il nido di covata si trova al centro. In autunno, quando la colonia si riduce di dimensioni, di solito si sposta nel telaio superiore, in modo che i favi del telaio inferiore si svuotino lentamente e possano essere portati fuori da lei.

I favi dell'ultimo raccolto di miele sono chiamati favi vuoti dopo la filatura. Si possono riutilizzare come nuovi favi per il nido di covata. D'altra parte, i favi di covata precedenti non sono in alcun modo adatti alla smielatura e devono essere smaltiti.

Per evitare di mescolare la camera del miele e la camera della covata, può inserire una griglia attraverso la quale la regina non può passare. In questo modo non può deporre le uova nella camera del miele e i favi vengono utilizzati solo per conservare il miele maturo.

Se la colonia si riduce di dimensioni, rimuova questa griglia e il nido di covata potrà spostarsi nella precedente camera del miele, i favi di covata precedenti si liberano e sono pronti per essere smaltiti. Ruotando la camera di covata in questo modo, le api le offrono un ciclo ragionevole per il rinnovo dei favi. In definitiva, è più igienico sostituire i favi prima che dopo, per contenere le malattie e le infestazioni parassitarie.

CERA

Selezioni circa 10 favi all'anno in ciascuna delle sue colonie. Non riutilizzi la cera scura dei favi di nidiata per gettare le pareti centrali. In questo modo non farebbe altro che reintrodurre i batteri contenuti nell'alveare in una forma diversa.

Ci sono aziende e negozi di forniture apistiche che accettano la cera vecchia e la scambiano con pareti intermedie. Se desidera accettare un'offerta di questo tipo, si informi prima sulle condizioni esatte. Nella maggior parte dei casi, queste aziende accettano la vecchia cera solo dopo averla rimossa dai telai, vale a dire che deve anche rimuoverla dai fili. Vale la pena scambiare la sua cera usata con pareti centrali solo se queste sono prodotte senza residui, altrimenti corre il rischio di acquistare malattie. Un certificato corrispondente dimostra l'assenza di residui senza alcun dubbio.

Fondere la cera da soli

Se le piace trasformare la sua cera in candele, ad esempio, vale la pena di acquistare un fusore di cera solare. Sono disponibili in diverse dimensioni, con spazio per 2 o 3 pettini.

Nella sua fonditrice di cera solare, può fondere la cera che ha ritagliato da una costruzione naturale fresca. La cera che le sue api creano nel nido naturale è ancora molto pulita all'inizio. Se la cattura prima che contenga uova e larve, può fonderla e utilizzarla per la fusione o la pressatura di pareti centrali. L'attrezzatura necessaria a questo scopo non vale la pena per un principiante. Forse il suo sponsor apicoltore possiede l'attrezzatura o può chiedere all'associazione degli apicoltori.

La cera dei favi di covata vecchi non è adatta per essere riutilizzata nella colonia, ma può essere usata per fare delle candele.

Nelle giornate di sole, occorrono circa 1 o 2 ore per sciogliere la cera dell'edificio naturale. I favi di covata richiedono un po' più di tempo. Riempia prima il recipiente di raccolta sul fusore con un po' d'acqua, in modo da poter raccogliere meglio la cera. Dopo che i vecchi favi si sono sciolti, può trovare residui di bozzoli ed escrementi larvali. Possono comparire anche larve della tarma della cera.

Chiarificare la cera

Raccolga la cera grezza ottenuta dal fusore separatamente per la cera vecchia e quella fresca. Una volta raccolta una certa quantità, può riscaldare la cera con la stessa quantità di acqua in una pentola grande e rivestita. La pentola deve essere rivestita perché la cera diventa grigia quando entra in contatto con il ferro. Inoltre, utilizzi una vecchia pentola - non potrà poi utilizzarla per cucinare. Riscaldi la miscela di acqua e cera a circa 85 gradi, in modo che la miscela non inizi a bollire e non produca schizzi di cera calda. Mescolate lentamente diverse volte per sciogliere i residui di sporco dalla cera. A causa del raffreddamento molto lento che segue, si forma una zona di sporco al confine tra l'acqua e la cera, che potrà rimuovere in seguito con lo scalpello a bastoncino.

Fare la cera per le candele

Ora può utilizzare questa cera semplicemente chiarificata per un'ulteriore trasformazione in cera per candele. Riscaldi nuovamente la cera fino a renderla liquida. Per evitare che la cera si bruci, è meglio non riscaldare la cera direttamente in una pentola, ma in un bagno d'acqua. Nella fase successiva, filtrare la cera attraverso un filtro a fibre fini che cattura le particelle sospese e i resti più piccoli di escrementi, bozzoli e gusci di chitina.

A questo punto la cera è ancora di colore piuttosto scuro, che può schiarire in vari modi. Può colare delle lastre di cera sottili e appenderle al sole per diversi giorni. In questo modo le lastre assumeranno un colore molto più chiaro. Un altro modo è quello di schiarirle con acidi o alcali. Come apicoltore, ha già in casa l'acido formico o l'acido ossalico, poiché questi agenti sono necessari per combattere l'acaro varroa. Ma può anche lavorare con l'acido citrico, che viene utilizzato nella maggior parte delle case come decalcificante naturale.

Indossi sempre guanti, occhiali di sicurezza e indumenti protettivi adeguati quando lavora con gli acidi. In caso contrario, durante il riscaldamento, potrebbero verificarsi schizzi che possono ferire gravemente gli occhi.

Per schiarire la cera, la metta nuovamente in una casseruola insieme all'acqua. Per circa cinque chili di cera, è necessario un litro d'acqua e, nel caso dell'acido citrico, due grammi di acido citrico. Riscaldare la miscela a 85 gradi e mescolare costantemente. Anche un agitatore meccanico è adatto, in quanto l'acqua e la cera devono entrare in stretto contatto. Gli agitatori di metallo possono essere inguainati o utilizzare bastoncini di legno.

Per verificare se la sua cera ha già assunto il colore desiderato, immerga un bastoncino di legno e lasci che un sottile strato di cera si indurisca su di esso. In questo modo potrà valutare il colore in modo ottimale. Quando raffredda la miscela finita, si assicuri di nuovo che si raffreddi molto lentamente, in modo che l'acqua e la cera possano separarsi correttamente. In caso di dubbio, può avvolgere una coperta intorno alla pentola come isolante per rallentare nuovamente il raffreddamento.

Le basi dell'igiene

Il miele è un alimento naturale che viene consumato crudo. I batteri, le impurità o le sostanze inquinanti vengono quindi mangiati dalle persone. Questo pone all'apicoltore la sfida di lavorare in modo assolutamente igienico dall'inizio alla fine della catena di produzione del miele.

Se desidera vendere il suo miele, deve informarsi in anticipo sulle norme legali in materia di igiene alimentare. Chieda al suo sponsor apistico e alla sua associazione di apicoltori. Le norme legali sono in rapida evoluzione e cambiano di tanto in tanto, quindi non ha senso scriverle qui.

La maggior parte della contaminazione non è causata dalle api, ma dall'apicoltore stesso, che introduce sporco e germi attraverso un lavoro poco pulito sull'alveare o durante la filatura e la lavorazione del miele. Anche la sala di estrazione stessa deve soddisfare determinati standard igienici. Infine, ma non meno importante, è necessario osservare i periodi di attesa e le istruzioni relative al controllo dell'acaro Varroa.

Si assicuri che i suoi abiti da lavoro siano sempre puliti e che nella colonia indossi abiti da lavoro diversi da quelli utilizzati per la lavorazione del miele. Pensi a guanti monouso puliti e sicuri per gli alimenti e a una retina per capelli! Si assicuri di cambiare gli indumenti protettivi ogni volta che esce dalla stanza.

Si ricordi di non appoggiare mai i favi e i telai a terra quando lavora sulla colonia e di tenere sempre a portata di mano dell'acqua pulita per pulire accuratamente gli strumenti e le mani tra un lavoro e l'altro.

PULIRE E CONSERVARE LA SUA ATTREZZATURA

Il miele è una sostanza particolarmente appiccicosa e tenace. Si assicuri di pulire tutti gli utensili con acqua, senza lasciare residui. I residui di miele rimossi a metà sono dei veri paradisi per i germi! La lavastoviglie fa un lavoro eccellente in questo caso. La faccia funzionare a 60-65 gradi per pulire e disinfettare i vasetti di miele e i coperchi.

Deve anche mantenere puliti l'alveare e i telaini. Dopo aver rimosso tutti i residui di cera da un telaino, rimuova i fili e smaltisca anche questi. Metta il telaino in una soluzione di idrossido di sodio al 2% per una disinfezione completa.

IL SUO SPAZIO DI LAVORO PERSONALE

Se estrae il miele solo per il suo consumo personale, può utilizzare la sua cucina per un'ulteriore lavorazione. Come apicoltore per hobby, questa è una buona idea. Se desidera avere un locale proprio per l'estrazione del miele, deve soddisfare alcuni requisiti che sono chiaramente definiti nei testi di legge pertinenti. Questi includono le seguenti condizioni:

- Condizioni pulite e ordinate

- Secco, senza formazione di umidità accumulata

- Integrità: ragnatele, crepe, intonaco sgretolato, macchie di umidità non sono ammissibili.

- Le sostanze pericolose per la salute devono essere conservate all'esterno, ad esempio i detergenti.

- Libero da piante e animali, zanzariere sulle finestre aperte

Quando allestisce la sua stanza, faccia attenzione alle norme vigenti nella sua regione. Per non sbagliare o dimenticare cose essenziali, dovrebbe chiedere consiglio al suo mentore apicoltore o ricevere suggerimenti dalla sua associazione di apicoltori.

Considerazione medica

Come per gli esseri umani o altri animali, prevenire lo sviluppo di una malattia è meglio che trattarla. Quindi si assicuri di mantenere le sue api il più possibile sane e forti, per ridurre al minimo la necessità di trattamenti. La colonia si mantiene forte e sana fornendo loro le condizioni ottimali, ad esempio attraverso una posizione ben scelta. Controlli regolarmente le sue colonie per individuare eventuali malattie. Prima si individua una deviazione, più promettente sarà il trattamento medico.

Non sottovaluti la facilità e la rapidità con cui lei, come apicoltore, può trasmettere una malattia da una colonia all'altra. Pertanto, presti particolare attenzione all'igiene. Questo include indossare sempre una tuta da apicoltore pulita, attrezzature pulite, acqua fresca e un lavoro igienico, evitando che i favi o i telai entrino in contatto diretto con il terreno. Sostituisca presto i favi vecchi per mantenere un elevato standard di igiene all'interno dell'alveare.

Per limitare il più possibile la diffusione di malattie, non dovrebbe scambiare telai, cornici o favi tra le singole colonie. Inoltre, non è consigliabile unire le colonie senza prima assicurarsi, al di là di ogni dubbio, che entrambe le colonie siano assolutamente sane. Anche le colonie appena acquistate dovrebbero avere uno stato di salute indiscutibile e trascorrere un certo periodo di tempo in quarantena. Si assicuri anche che ogni singola colonia abbia spazio sufficiente. Quanto più le colonie sono disposte densamente, tanto più è facile che le malattie vengano trasferite da un alveare all'altro.

ACARO DELLA VARROA - VARROA DESTRUCTOR

Il parassita più diffuso delle api è l'acaro Varroa (Varroa destructor), che si è diffuso rapidamente negli ultimi vent'anni. Oggi non esiste quasi più una colonia che non sia infestata dall'acaro Varroa. L'obiettivo del trattamento è quindi quello di contenere l'infestazione in modo tale che non colpisca le api e non rappresenti una minaccia per la sopravvivenza della colonia di api.

Concetto di trattamento integrato in tre parti
Il concetto di trattamento integrato è stato sviluppato e testato da istituti apistici e fornisce una terapia ben efficace. È stato sviluppato per il trattamento di colonie commerciali, quindi si è prestata attenzione a non intaccare la qualità del miele. Il miele deve essere assolutamente privo di residui. Vengono utilizzati solo acidi organici, che non danneggiano l'ape o il miele, non si accumulano nell'organismo, ma vengono completamente degradati. Questo si ottiene utilizzando sostanze che si trovano naturalmente nelle api. L'uso degli acidi dopo la raccolta del

miele garantisce la libertà del miele.

Poiché il miele non viene ancora raccolto dagli alveari, è possibile determinare il momento del trattamento solo in base alla situazione dell'infestazione. In genere si utilizzano l'acido formico o l'acido lattico. In caso di dubbio, chieda consiglio al suo consulente apistico, in quanto il trattamento dell'acaro Varroa deve sempre essere adattato individualmente alla colonia in questione.

Per sapere se il suo trattamento ha funzionato, esegua sempre un controllo di successo. Il modo più semplice per farlo è esaminare la spazzatura. Per farlo, determini il tasso di mortalità naturale degli acari al giorno prima del trattamento. Quindi, tratti e determini la mortalità degli acari durante il trattamento con l'ingrediente attivo. Qualche tempo dopo il trattamento, determini nuovamente la mortalità naturale degli acari al giorno. Idealmente, a questo punto non troverà un solo acaro. La sua colonia è - fino alla reinfezione - libera da acari.

La prima fase del concetto consiste nel tagliare la covata dei fuchi in primavera. La seconda parte consiste nel trattare la covata con acido formico in piena estate e in autunno. La terza parte consiste nel trattamento delle operaie in inverno con acido ossalico.

1. tagliare la covata di fuchi

I fuchi hanno bisogno di 13 giorni per la loro metamorfosi, che è in media di due giorni in più rispetto a un'ape operaia. L'acaro varroa conosce questa differenza e preferisce attaccare i favi dei fuchi, perché vi si possono sviluppare più acari. Può approfittare di questo fatto. Appenda dei telaini per fuchi nel suo alveare. Un telaino per fuchi è un telaio non cablato in cui le api creano celle di fuchi in natura. Le pareti centrali che normalmente si trovano nei telaini vengono utilizzate dalle operaie per creare favi più piccoli per le operaie. I favi di droni sono possibili solo nei telai senza parete centrale.

Per le piccole colonie, appenda i telaini per gli api su un lato accanto al nido di covata; è sufficiente un solo telaino. Nelle colonie commerciali, appenda un telaino da covata ciascuno a sinistra e a destra del nido di covata, tra i depositi di miele e il nido di covata.

Le cornici per i fuchi di solito hanno una barra di legno al centro che divide la cornice orizzontalmente in una sezione superiore e una inferiore. Questo permette di tagliare la covata in porzioni. In questo modo si taglia sempre la covata già coperta prima che si schiuda dal favo. La covata non coperta rimane nell'alveare, in modo che gli acari femmina possano deporvi le uova. Prima che gli acari si schiudano contemporaneamente ai fuchi pronti dai favi coperti, questi vengono rimossi e surgelati per 24 ore per uccidere gli acari in modo sicuro. Piccole quantità di questi rifiuti possono essere smaltite nei rifiuti domestici.

2. trattamento della covata con acido formico

Le api e gli acari hanno un metabolismo diverso, motivo per cui l'applicazione di una soluzione di acido formico al 60% è completamente innocua per le api, ma ha un effetto letale sugli acari Varroa.

Il trattamento riguarda l'evaporatore Nassenheider. Sono disponibili diversi modelli, tra cui il modello "Professional" è il più adatto ai principianti e affidabile. L'applicazione tramite l'evaporatore garantisce la giusta concentrazione di acido formico, in modo da non danneggiare accidentalmente le sue api.

Il momento appropriato per l'applicazione è subito dopo il secondo raccolto di miele, cioè l'ultimo raccolto di miele dell'anno, in una colonia commerciale. L'applicazione viene poi ripetuta a settembre. Questa seconda applicazione deve avvenire il più vicino possibile alla dormienza invernale, ma deve sempre avvenire quando la temperatura esterna è ancora superiore a 12 gradi Celsius.

L'evaporatore Nassenheider può essere appeso direttamente nel nido di covata in un telaio vuoto. Di solito, però, si posiziona un telaio vuoto e l'evaporatore viene collocato sopra il telaio. Si assicuri di separare lo spazio vuoto con una griglia o una rete, in modo che le api non siano tentate di scatenarsi lì.

Riempia l'evaporatore con 200 millilitri di acido formico al 60% e inserisca uno stoppino. Ora posiziona un pezzo di carta stagnola e un vello sul telaio superiore. Posizionare l'evaporatore su questo vello. Lo stoppino deve essere a contatto con il vello, in modo che il vello si inumidisca lentamente con l'acido formico. Ogni giorno vengono evaporati circa 20 ml di acido. La durata dell'applicazione è di almeno 10 giorni. Controlli l'evaporatore dopo 5-6 giorni e rabbocchi l'acido formico se necessario. Se vengono evaporati più di 30 ml al giorno, sostituisca lo stoppino con uno più piccolo per ridurre la quantità.

3. trattamento dei lavoratori con acido ossalico

In inverno, l'evaporazione dell'acido formico non è possibile, ma nemmeno l'estrazione dei favi per spruzzare l'acido lattico a causa delle temperature esterne. Tuttavia, poiché in un inverno mite il periodo che intercorre tra l'ultimo trattamento con acido formico e la primavera offre condizioni perfette per gli acari, dato che le api continuano ad avere covata nella colonia, è necessario abbassare nuovamente la pressione di infezione in inverno e trattare la colonia con acido ossalico.

Questo può essere fatto solo quando la colonia non ha più covata. Per il trattamento, mescolare una soluzione zuccherina di acido ossalico poco prima. Utilizzi acido ossalico diidrato al 3,5% e aggiunga lo zucchero poco prima dell'applicazione. È molto importante aggiungere lo zucchero poco prima, perché l'HMF (idrossimetilfurfurale) si forma in una soluzione finita quando viene conservata per lungo tempo, il che è dannoso per le api.

Ora faccia gocciolare la soluzione finita sulle api che sono attaccate ai favi nell'area superiore del vicolo dei favi. In questo modo non dovrà estrarre i favi e le sue api non correranno il rischio di ipotermia. Attraverso il loro comportamento di pulizia, le api si puliscono a vicenda dal liquido appiccicoso, per cui l'acido ossalico viene distribuito in tutta la colonia e può agire contro l'acaro Varroa.

Tratta i germogli con acido lattico

Può trattare le colonie più piccole contro l'acaro Varroa con l'acido lattico. L'acido lattico può essere pienamente efficace solo nelle colonie senza covata attiva, perché l'acidificazione con l'acido lattico funziona solo sulle api adulte, non sulle larve.

Viene applicata una soluzione di acido lattico al 15% in acqua. A questo punto si estrae ogni favo dall'alveare individualmente, si spruzza da entrambi i lati fino a bagnare completamente tutte le api residenti e si rimette nell'alveare. Ripeta il trattamento più volte dopo alcuni giorni.

Poiché le colonie agricole sono utilizzate per la produzione di miele, è possibile trattarle con acido lattico solo dopo l'ultima raccolta di miele. Poiché nella colonia c'è ancora covata attiva, questo riduce l'efficacia del trattamento. In inverno, quando non c'è covata, la temperatura esterna è sicuramente troppo fredda. Poiché non viene raccolto miele dagli alveari, può ripetere il trattamento più volte per ridurre la pressione degli acari. Non è possibile essere liberi dagli acari, poiché la colonia ha anche una covata attiva.

Può trattare gli sciami o gli sciami artificiali con acido lattico prima che inizino a riprodursi. In questo caso non c'è ancora una covata attiva, quindi il trattamento è sufficientemente efficace. Tuttavia, deve scegliere il momento giusto. Se apre l'arnia prima che lo sciame abbia formato i favi, si allontanerà di nuovo. Se il trattamento viene effettuato troppo tardi, i favi saranno già stati covati e le prime larve si saranno schiuse.

PESTE AMERICANA

L'AFB è una malattia delle api soggetta a notifica. Ciò significa che se trova un'infestazione nella sua colonia, deve segnalarla all'ufficio veterinario competente.

L'AFB è innescata dalle spore del batterio Paenibacillus larvae. Le spore infettano le larve delle api e si moltiplicano nel loro tratto digestivo, in modo che la larva alla fine muoia. Le api adulte non sono suscettibili alla malattia. Tuttavia, non devono sottovalutare l'AFB, poiché una colonia può morire se troppe larve sono vittime dell'AFB.

Per il controllo e l'individuazione della peste americana, contatti il suo apicoltore di fiducia o un veterinario specializzato in api. Il suo referente discuterà con lei la procedura esatta e redigerà un piano di monitoraggio personalizzato per le sue colonie.

Il miele

Miele - forse è per questo che sta facendo tutto questo. Acquistare api, attrezzature per l'apicoltura, imparare il mestiere di apicoltore - tutto per il miele! Per non andare oltre l'ambito di questo libro, l'estrazione del miele è trattata solo nella misura in cui può aspettarsi il miele come principiante e autoconsumatore. Se desidera vendere il miele a livello commerciale, deve contattare il suo sponsor apicoltore e l'associazione degli apicoltori per ottenere un certificato di competenza adeguato, poiché in tal caso rientra nell'ambito del Codice alimentare.

TESORO - CHE COS'È ESATTAMEN-TE?

L'Ordinanza sul miele definisce il miele come segue:

> "Il miele è la sostanza naturalmente dolce prodotta dalle api mellifere ingerendo nettare di piante o secrezioni di parti di piante viventi o escrezioni di insetti succhiatori di piante che si trovano su parti di piante viventi, trasformandole combinandole con le proprie sostanze specifiche, immagazzinandole, disidratandole e lasciandole accumulare e maturare nei favi dell'alveare". Citazione tratta dall'Ordinanza sul miele (HonigV), Allegato 1, Sezione I.

Il miele viene quindi sempre raccolto dall'ape mellifera. Il processo di maturazione del miele inizia già nella vescica del miele, grazie all'aggiunta di enzimi. Nell'alveare, il miele acerbo viene conservato e trasferito più spesso, eliminando ogni volta l'acqua. Questo addensa e conserva il miele fino a quando non è finalmente pronto per essere raccolto dall'apicoltore.

Ingredienti del miele

L'80-85% del miele è costituito da zucchero. Quasi tutte le molecole di zucchero sono presenti come zuccheri semplici (monosaccaridi). La maggior parte del resto è acqua. Gli altri ingredienti costituiscono solo il 2 - 3 %.

Il contenuto di zucchero è chiamato anche spettro zuccherino e varia a seconda della vite. Dal nettare provengono tre diversi zuccheri: lo zucchero di canna (saccarosio), lo zucchero della frutta (fruttosio) e lo zucchero dell'uva (glucosio). Lo zucchero di canna assunto viene scomposto in fruttosio e glucosio dagli enzimi aggiunti nella vescica del miele proprio all'inizio. Il rapporto tra fruttosio e glucosio caratterizza il miele e, a seconda di come risulta il rapporto, si possono determinare i mieli di fiori specifici. Anche la consistenza del miele dipende da questo rapporto.

Il miele di melata può contenere fino a venti tipi diversi di zucchero. Oltre al fruttosio e al glucosio, possono essere presenti vari zuccheri a due e tre componenti, come il maltosio, il raffinosio, l'isomaltosio, il meleziosio, l'erlosio e il turanosio.

Secondo l'Ordinanza sul miele, il contenuto di acqua

nel miele può essere al massimo del 20 % e secondo l'Associazione tedesca degli apicoltori al massimo del 18 %. Il basso contenuto di acqua garantisce la stabilità del miele. Troppa acqua fa sì che il miele si rovini rapidamente.

Il restante 2 - 3 % degli ingredienti è costituito da vari aminoacidi, proteine e minerali, nonché da sostanze vegetali secondarie. Nei mieli non filtrati, possono essere aggiunte tracce di polline e cera. Sebbene la percentuale sia così bassa, questi ingredienti possono influenzare il colore e il sapore del miele.

Tipi di miele

L'Ordinanza sul miele prescrive diversi termini con cui i mieli devono essere etichettati, a seconda di come vengono ottenuti. Non confonda il termine con le denominazioni miele di tipo/miele di varietà.

• **Miele filato**: questo miele si ottiene filando i favi. Oggi è la forma più comune di estrazione del miele.

• **Miele pressato**: i pezzi di favo vengono avvolti in un panno a maglie fini e posti in una pressa. Il miele gocciola dal fondo della pressa.

• Miele **di favo**: questo miele viene tagliato dal favo creato nella costruzione naturale. Deve essere privo di covata. Il pezzo di favo viene messo nel barattolo e venduto insieme al miele liquido.

• **Miele a goccia**: i favi vengono aperti e posizionati in modo che il miele possa gocciolare.

• Miele da forno/miele da cucina: questo miele è di qualità inferiore e non deve essere consumato crudo. È adatto come alimento solo dopo essere stato riscaldato.

Varietà di miele e miele varietale - Qual è la differenza?

Se specifica un tipo di miele, ciò avviene senza specificare una singola fonte. Ad esempio, può scegliere "miele di primavera" o "miele di fiori estivi" come denominazione. Anche il "miele di melata" è una denominazione del tipo di miele. Naturalmente, il vasetto deve contenere anche ciò che è scritto sulla parte anteriore. Questo per tutelare i consumatori.

Si può chiamare un miele varietale se proviene prevalentemente da un unico raccolto. Più del 60% del miele deve provenire dal raccolto di massa, in modo da poter chiamare il suo miele "miele di colza", ad esempio. Prima di chiamare il suo miele "miele varietale", deve far eseguire un'analisi di laboratorio, perché solo perché accanto c'è un campo di colza in fiore, non significa che le sue api utilizzino anche questo campo di colza come fonte di alveare.

Fonte del miele - nettare

La pianta produce nettare per attirare gli insetti. Il nettare viene utilizzato per nutrire l'insetto, che raccoglie anche il polline quando visita la pianta e lo trasporta di fiore in fiore, assumendo così la riproduzione delle piante.

A seconda del tipo di pianta, la produzione di nettare varia nel corso della giornata. C'è anche una quantità massima di nettare al giorno, per cui un fiore può essere letteralmente prosciugato se molte api lo hanno visitato. Nelle giornate calde, il nettare è un po' più concentrato; se c'è molta acqua disponibile, la sua consistenza è più liquida. Tuttavia, la quantità di zucchero è sempre la stessa in relazione alla quantità totale di nettare al giorno.

Alcune piante hanno nettari extrafloreali, che sono siti di raccolta del nettare al di fuori del fiore. Tuttavia, questi non vengono quasi mai avvicinati dalle api.

Fonte di miele - Melata
La melata viene espulsa dagli insetti che succhiano la linfa delle piante. In Germania, si tratta principalmente di afidi e cocciniglie. Le fonti di melata sono principalmente alberi e arbusti, meno erbe e piante perenni infestate.

Gli afidi succhiano la linfa della pianta (chiamata floema) per assorbire gli aminoacidi di cui hanno bisogno per vivere. Tuttavia, poiché questi sono presenti in concentrazioni molto basse nel floema, gli afidi devono succhiarne molta. Per non scoppiare d'acqua, rilasciano continuamente piccole gocce di melata, che contiene molti zuccheri e acqua.

Raccogliere il polline
Il polline serve alle api come fonte di proteine, di cui hanno bisogno in abbondanza, soprattutto in primavera. Le api hanno una spazzola e un pettine all'interno del paio di

zampe posteriori. Utilizzano questi utensili per pulirsi da davanti a dietro dopo una visita ai fiori e li usano per pettinare il polline che si è attaccato alla loro pelliccia di setole. Una volta che la pelliccia è libera dal polline, viene riposta nei cestini del polline all'esterno delle zampe posteriori. Questo processo può essere eseguito solo in volo, in quanto l'ape ha bisogno di tutte le sue zampe per farlo, e la spelatura nel cestino avviene sempre in senso trasversale. Il materiale raccolto a sinistra viene quindi riposto nel cestino di destra.

Il processo di raccolta e stoccaggio del polline è noto nel linguaggio dell'apicoltura come hilling.

TRACHTPFLANZEN

Le piante adatte alla raccolta delle api da miele non devono avere calici profondi, poiché la proboscide delle api non è lunga come quella del bombo o della farfalla. Pertanto, le api volano solo verso i fiori con una base del fiore facilmente accessibile o un imbuto del fiore corrispondentemente più corto.

Ormai conosce il termine raccolta di massa. L'opposto di questo è il cosiddetto Läppertracht, in cui non c'è una specie vegetale che domina. Invece, il foraggio di lappet è costituito da molti fiori singoli e diversi, che assicurano l'approvvigionamento delle api anche tra un foraggiamento di massa e l'altro ed è quindi di grande importanza per le sue colonie. Di seguito, le presenteremo alcune piante autoctone che hanno un significato speciale per le api. Se ha la possibilità di partecipare a una degustazione di miele, dovrebbe assolutamente farlo. È sorprendente come si possa riconoscere la fonte del miele dal sapore del miele varietale.

• **Nocciola**: Corylus avellana; una delle fonti più importanti di polline in primavera. Serve a costruire il raccolto.

• **Salice**: Salix; serve a costituire il raccolto, fornisce polline e nettare. Il miele di salice puro non è disponibile, poiché questo raccolto viene consumato rapidamente dalle persone.

• **Alberi da frutto**: melo, ciliegio, prugna; possibile nelle zone di coltivazione della frutta come raccolto di massa che produce un miele varietale, definito "miele di fiori di frutta". È considerato un miele varietale, anche se sono stati registrati diversi tipi di fiori. Aroma: discretamente floreale; colore: da bianco a giallastro chiaro; consistenza: cremosa.

• **Colza**: Brassica napus; fornisce un buon raccolto di massa nelle aree di coltivazione. Buona fonte di polline. Il miele varietale di colza appartiene ai mieli di fiori. Colore: da chiaro a bianco puro; aroma: delicato, dolciastro; consistenza: soda e cremosa.

• **Tarassaco**: Taraxacum officinale; offre un grande apporto di polline e molto nettare per la formazione del raccolto. Il miele di tarassaco varietale è possibile a seconda della regione. Aroma: forte e intenso, a volte pungente e penetrante; colore: giallo oro; consistenza: inizialmente densa e viscosa, può cristallizzarsi.

• **Robinia**: Robinia pseudoacacia; colma un possibile divario tra la colza e il tiglio. Nelle aree urbane è possibile una raccolta di massa e un miele varietale, spesso chiamato miele di acacia. Colore: giallo-acqua, in parte verdognolo; aroma: fine, dolciastro, molto dolce; consistenza: molto liquida (il fruttosio supera il glucosio, motivo per cui il miele rimane liquido).

• **Tiglio**: Tilia; eccellenti fornitori di polline e nettare, soprattutto nelle aree urbane. Producono abbondante melata a causa dell'afide del tiglio. Varietà di miele "Miele di tiglio" come miscela di nettare e melata. Varietà di miele "Miele di fiori di tiglio" come miele di nettare puro. Colore: biancastro, da verde-bianco a giallastro per il miele di tiglio. Colore del miele di tiglio: da giallastro a marrone scuro. Odore aromatico forte di menta (mentolo).

• **Trifoglio**: Trifolium; possibile come coltura di massa nelle aree in cui il trifoglio viene coltivato come coltura foraggera. Fornisce nettare e polline in abbondanza. Il trifoglio rosso nei prati non viene avvicinato dalle api perché le loro proboscidi sono troppo corte. Altre specie di trifoglio come il trifoglio bianco, il trifoglio incarnato, il trifoglio dolce e il trifoglio cornuto sono utilizzate come foraggio. Varietà di miele "miele di trifoglio" possibile. Colore: da chiaro a bianco-giallastro; Aroma: floreale, delicato; Consistenza: soda-cremosa.

• **Erica**: Calluna vulgaris; l'erica ginestra forma una coltura di massa nelle zone di brughiera in agosto e settembre. Miele varietale "Heidehonig". Colore: ambrato; aroma: speziato, aspro, leggermente acido; consistenza: gel con cristalli fini e a grana più grossa.

MIELE - COSA FA L'APE

L'ape raccoglie il miele per due motivi: il consumo immediato o la conservazione. I raccoglitori portano il miele all'alveare e lo consegnano ai produttori di miele, che decidono cosa farne in base alle necessità. Sappiamo già che la produzione di miele inizia direttamente nella vescica del miele dei raccoglitori attraverso l'aggiunta di enzimi. Se l'ape arriva ora nell'alveare, può trasmettere il miele tramite la trofallassi (l'alimentazione sociale). Questo avviene soprattutto quando le riserve di cibo immagazzinate nella colonia sono poche.

Se sono disponibili altre riserve di cibo, le api svuotano le loro vesciche di miele nell'anello di bottinatura intorno al nido di covata. Il miele immagazzinato lì è destinato ad essere consumato presto, in quanto ha una durata di conservazione molto limitata come miele acerbo.

Il miele che non viene consumato nelle ore successive o nella notte seguente viene trasferito dai mielai. Aspirano il miele acerbo nelle loro vescichette, aggiungono nuovamente enzimi digestivi e lo portano nella camera del miele. Nel processo, estraggono nuovamente l'acqua dal miele, in modo che il miele maturo abbia solo un contenuto di acqua del 14-18%. Potrebbe essere necessario trasferire il miele più volte per raggiungere questo contenuto d'acqua.

L'estrazione dell'acqua è possibile in modo molto efficace nella vescica del miele, attraverso le cosiddette acquaporine, che permettono all'acqua di fluire dalla vescica del miele direttamente nell'emolinfa. Nella prima fase, quando i raccoglitori trasportano il miele nell'alveare, entrano in azione gli enzimi di scissione dello zucchero aggiunti. Questi hanno bisogno di acqua per il loro lavoro. Solo nella seconda fase, quando i produttori di miele trasportano il miele più spesso, non è più necessaria l'acqua per l'attività enzimatica, lo zucchero è completamente scisso. Ora l'acqua rimanente può essere estratta in modo efficace. Questo processo trasforma circa 2,7 litri di nettare in un chilo di miele maturo dopo la rimozione dell'acqua.

Una volta completato il processo di maturazione del miele, che richiede diversi giorni, il miele può essere conservato nei favi per diversi mesi. A tale scopo, il favo viene ricoperto di cera e viene riaperto solo quando la colonia ha bisogno di cibo. A seconda della composizione del miele, questo rimane liquido per mesi. Se si cristallizza, deve essere nuovamente liquefatto dalle api prima di poter essere utilizzato. Per questo è necessaria l'acqua.

Come apicoltore, non deve fare altro per far maturare il miele. Il miele è pronto non appena si rimuovono i favi tappati. Si raccoglie, si estrae e si confeziona.

Rimozione del nido d'ape

Dovrebbe utilizzare il suo affumicatore solo in minima parte per rimuovere i favi, altrimenti il miele potrebbe avere un sapore di affumicato. Faccia passare un po' di fumo attraverso il foro di volo nell'alveare, in modo che le api si calmino, e poi inizi a rimuovere i favi finiti. Spazzare delicatamente le api in coda nell'arnia o in un secchio se intende rimuovere diversi favi, e appendere il favo senza api in un contenitore di trasporto in attesa. Un'arnia a favo è adatta al trasporto solo in misura limitata, in quanto deve assicurarsi che i favi rimangano liberi dalle api e che non porti con sé i piccoli insetti in casa. Un contenitore con coperchio, ad esempio in plastica alimentare, è più adatto in questo caso.

Subito dopo la rimozione, i favi iniziano a raffreddarsi. Pertanto, ha senso lavorare i favi direttamente, perché il miele è più difficile da estrarre dai favi raffreddati.

Scoprire

La fase successiva si svolge nella sala di centrifuga o nella sua cucina. Per facilitare il lavoro, riscaldi la stanza ad almeno 25 gradi, in modo che i pettini non si raffreddino troppo rapidamente.

Si assicuri che l'igiene dell'attrezzatura e di se stesso sia impeccabile! Ora deve aprire i favi con la forcella di disopercolatura e l'imbracatura di disopercolatura. Sposti la forchetta di disopercolatura il più possibile in piano sui favi e separi le coperture di cera. Spinga questi resti di cera in una vasca, in modo che possano essere fusi e riutilizzati in seguito. Si assicuri di prestare attenzione alle dita durante la disopercolatura. La forchetta di disopercolatura ha molti rebbi affilati, che possono provocare brutte ferite.

Pertanto, lavori sempre in direzione opposta alla mano. In alternativa alla forchetta per stappare, può lavorare con un asciugatore ad aria calda. Questo scioglie i coperchi delicati in pochi secondi. Lavori sui favi solo per il tempo necessario, in modo che il calore non penetri in profondità e danneggi il miele. Questo metodo funziona solo se ha davanti a sé favi che non sono mai stati utilizzati come favi di covata - non c'è problema, perché questo è comunque essenziale per l'estrazione igienica del miele.

Girare

Esistono diversi tipi di estrattori, sia elettrici che manuali. Per un apicoltore principiante, un estrattore manuale con spazio per tre o quattro favi è perfettamente adeguato.

Le centrifughe funzionano grazie alle forze centrifughe e centrifugano il miele dai favi aperti. Per garantire una centrifuga fluida, è necessario assicurarsi che la centrifuga sia bilanciata, ossia che sia caricata con i favi in modo equilibrato. Quindi, in una centrifuga con spazio per tre pettini, ci devono essere sempre tre pettini. In una centrifuga per quattro pettini, si lavora sempre con quattro o con due pettini, che in questo caso sono uno di fronte all'altro.

Con i filatori tangenziali, viene svuotato solo il lato del pettine rivolto verso l'esterno. Quindi, in questo caso, inizi con una rotazione lenta per svuotare i pettini rivolti all'esterno fino a un resto. Poi gira i pettini, ricomincia con un numero lento di giri e aumenta la velocità in modo continuo, fino a quando i pettini esterni non sono stati centrifugati. Ora giri i pettini una seconda volta e faccia girare il primo lato completamente asciutto.

Per evitare la rottura del favo, segua esattamente le istruzioni descritte sopra. Se dovesse far girare il primo lato asciutto ad alta velocità, le forze elevate agirebbero sul lato ancora pieno del favo, il che porterebbe rapidamente alla rottura del favo. Anche i fili che non sono ben tesi nel telaio portano all'instabilità del favo e la rottura del favo avviene più rapidamente.

Setacciare e filtrare

Subito dopo la centrifuga, far passare il miele liquido attraverso due setacci per rimuovere le particelle di cera, le particelle di propoli, il polline e altre impurità dal miele.

Iniziare con il setaccio grosso e filtrare il miele attraverso il setaccio fine nel contenitore di raccolta sotto la centrifuga. Il setaccio fine ha una maglia di 0,2 mm.

Suggerimento: durante la filatura, il setaccio grosso può intasarsi. Soprattutto se vengono aggiunte particelle di cera più grandi, ad esempio se il pettine si rompe. In questo caso, deve interrompere il processo di filatura e pulire prima il setaccio per evitare di traboccare.

Successivamente, fa passare il miele attraverso un panno di nylon. Questo tessuto ha un'area di maglia di circa 2 mm² e quindi trattiene anche le impurità più sottili. Per rendere efficace il processo di setacciatura e filtrazione, si assicuri che la temperatura del miele rimanga tra i 25 e i 30 gradi, poiché il miele troppo freddo si cristallizza rapidamente e intasa i setacci. In questo caso, tempera il miele, ma fai attenzione a non raggiungere mai una temperatura superiore ai 40 gradi, perché questo causerà danni termici al miele.

Scrematura

Il miele finito, setacciato e filtrato, viene conservato in un contenitore grande e mescolato accuratamente una volta per unire il miele di tutti i favi. Poi si chiude questo contenitore ermeticamente e si lascia riposare il miele a temperatura ambiente per alcuni giorni. Durante questo periodo avviene la chiarificazione. Le particelle di cera più fini e le bolle d'aria salgono in alto durante la chiarificazione e si raccolgono come strato superiore. Poiché il miele, precedentemente torbido, diventa più chiaro durante questo processo, si parla di chiarificazione. Quando la chiarificazione è completa, può rimuovere lo strato superiore con un raschietto o un mestolo.

Cristallizzazione

Una soluzione satura di zucchero prima o poi cristallizzerà. Ciò significa che le singole molecole di zucchero si accumulano per formare cristalli di zucchero, che si raccolgono sul fondo della soluzione. Se e quando un miele cristallizza dipende dal rapporto tra glucosio e fruttosio. Il glucosio cristallizza prima del fruttosio. Quindi, se il miele contiene più glucosio, la cristallizzazione avviene prima; l'esempio migliore è il miele di colza, che si indurisce molto rapidamente. Se il miele contiene più fruttosio, rimane liquido più a lungo, come nel caso del miele di robinia, del miele di tiglio e del miele di melata.

Mescolare

Per rendere cremoso un miele solido e influenzarne efficacemente la consistenza, è necessario mescolarlo. Ogni miele è diverso e il mescolamento è un'arte in sé. Ci vuole pratica e un po' di esperienza per riuscire a mescolare bene e quindi a raggiungere la consistenza che ha in mente. Quindi non sia deluso se non funziona in modo soddisfacente la prima volta.

I mieli liquidi, come i mieli di robinia e i mieli di melata, non hanno bisogno di essere mescolati, rimarranno liquidi per molto tempo. I mieli di fiori del primo raccolto devono essere sempre mescolati, altrimenti potrebbero diventare così solidi da doverli rompere dal barattolo.

Quando si mescola, si crea un movimento all'interno del miele e un attrito tra i singoli cristalli di glucosio. Il glucosio è presente nel miele non mescolato, assemblato in grandi cristalli che precipitano rapidamente (cristallizzano) e formano composti duri. Questi grandi cristalli di glucosio vengono spezzati e ridotti di dimensioni dal processo di agitazione, in modo che il miele acquisisca una consistenza cremosa e rimanga "liquido" o cremoso per molto tempo. Per ottenere questo risultato, il miele deve essere mescolato durante il periodo di cristallizzazione. Una volta che il miele si è indurito, è difficile farlo tornare cremoso. Bisogna individuare il momento giusto per iniziare a mescolare il miele. Per farlo, riempia un barattolo di miele fresco subito dopo la scrematura e lo collochi in modo tale da poterlo guardare ogni giorno. Se il miele inizia ad annebbiarsi, questo è un segno sicuro che la cristallizzazione sta iniziando. Ora inizi a mescolare (o a rincalzare) il miele. Mescoli il miele per circa 5-10 minuti al giorno, per cinque giorni di seguito. Questo dovrebbe essere sufficiente per creare un miele cremoso.

Mescolare lentamente e in modo uniforme, in modo che il miele non faccia schiuma, ma allo stesso tempo in modo rapido e completo, in modo che non ci siano angoli morti in cui il miele non si muove. Tutto il miele deve essere mosso. Il mescolamento stesso avviene sempre sotto la superficie del miele. Tra un mescolamento e l'altro, conservi il miele a una temperatura compresa tra 10 e 20 gradi.

Inoculazione di mieli estivi

Nel caso dei mieli del raccolto estivo, a volte capita che cristallizzino molto tardi. A questo punto, i mieli sono già pieni e non è più possibile influenzare il processo. Pertanto, è possibile accelerare il processo di cristallizzazione inoculando il miele con un innesco.

A tale scopo, aggiungere dal 3 a un massimo del 5% di miele estraneo e cremoso al miele pronto e iniziare a mescolare non appena inizia la cristallizzazione. Faccia attenzione a non aggiungere troppo miele estraneo, altrimenti snaturerà il carattere del miele. Non si tratta di una cosa negativa, ma si perde il gusto caratteristico dei diversi tipi di miele, che è anche parte dell'attrattiva di fare il proprio miele.

Se preferisce un miele estivo liquido, ometta semplicemente questo passaggio.

Riempimento

Il vasetto in cui ha mescolato il miele è ideale che abbia un rubinetto di uscita sul fondo, attraverso il quale può versare il miele direttamente nei vasetti. Si assicuri che i vasetti siano perfettamente puliti e che non li abbia lucidati con uno strofinaccio o simili. In questo modo, i pelucchi entreranno nei vasetti e finiranno nel miele. Invece, prenda i vasetti asciutti direttamente dalla lavastoviglie. Dovrebbe etichettare ogni vasetto di miele, anche se lo produce solo per il suo consumo personale. In questo modo saprà sempre esattamente quando ha imbottigliato, quale fonte di tracht è stata (probabilmente) implementata nel miele e, ad esempio, da quale colonia di api proviene il suo miele.

Se produce per la vendita, deve rispettare i requisiti legali per l'etichettatura. Dovrebbe ottenere maggiori informazioni in merito acquisendo un certificato di competenza professionale.

Calendario dell'apicoltura: la sua lista di controllo completa per l'anno apistico

Nei capitoli precedenti ha già imparato molto sui laboriosi produttori di miele con cui desidera lavorare. Le è stato permesso di apprendere come le api si sviluppano nel corso dell'anno, quali processi attraversano come colonia e quali compiti comporta per lei come apicoltore (principiante). Per rendere tutto questo un po' più gestibile, può utilizzare il seguente piano annuale come un piccolo foglio di istruzioni per avere una panoramica approssimativa delle sue attività nel corso dell'anno. Inoltre, chieda consiglio ad apicoltori esperti e/o ad associazioni di apicoltori, sviluppi un feeling e, soprattutto, osservi la sua colonia di api in relazione ai compiti che la attendono nel corso dei mesi, al fine di portare le sue api ad affrontare l'anno in modo adeguato alla specie. Poiché l'alimentazione invernale getta le basi per l'anno apistico successivo, il nostro piano inizia ad agosto. Non dimentichi che il clima delle rispettive stagioni - a differenza della durata della luce del giorno - può variare di anno in anno a seconda della regione. Può quindi accadere che le sue attività si discostino leggermente dal piano qui presentato. Per maggiori informazioni, legga parallelamente le informazioni sulla colonia di api nel corso dell'anno, da pagina 70 in poi, e si attenga ai fattori descritti.

Agosto:

• Ispezione settimanale dell'alveare
• Formazione di sciami artificiali
• Trattamento della varroa (con acido formico)/TBE
• Alimentazione invernale: meglio una miscela di soluzione zuccherina e nettare registrato.

Settembre:

• Ispezione settimanale delle api
• Completamento dell'alimentazione invernale: occorre conservare circa 20 kg di riserve.
• Controlli di nuovo l'aumento dell'infestazione da acari, se necessario ritocchi con preparati a base di acido ossalico.
• Reimpollinazione delle vecchie colonie
• Stima delle scorte di miele
• Fissi la protezione per il mouse al foro di volo
• Ridurre le dimensioni dei fori di volo e rimuovere i resti di cibo all'esterno dell'alveare: una protezione contro la predazione.
• Risolva il nido d'ape

Ottobre:

• Ispezione delle api ogni quindici giorni (non più ispezioni importanti della camera di covata).

• Verificare se la quantità di mangime è sufficiente

• Foro di volo stretto

• Controllare la saggezza delle persone

• Sostituire la regina, se necessario

• Lavorazione della cera; fusione di vecchi pettini

• Pulizia e disinfezione di vecchie cornici

• Mescolare, inoculare e imbottigliare il miele (prepararsi per gli affari di Natale).

Novembre:

• Avvistamenti di routine dall'esterno

• Regoli la camera di covata in base alle dimensioni della colonia in vista della prossima primavera.

• Garantire uno svernamento tranquillo: controllare la stabilità del bastone, evitare che la superficie venga disturbata da rami circostanti, ramoscelli ecc.

• Controllo dei danni dopo le tempeste e le raffiche di vento

• Valutare i record dell'anno: Riflettere sui mesi passati

• Chiarificare la cera fusa

• Produzione di candele

• Preparazione per l'attività di Natale/Avvento

Dicembre:

• Ultima apertura dell'alveare: mitigazione residua dei vicoli dei favi con una soluzione di acido ossalico diidrato,

documentando il trattamento nel libro delle scorte con
data, numero di colonia e quantità (utilizzi la soluzione
solo una volta in inverno).

• Controlli esterni

• Colata di candele con vera cera d'api

• Preparazione per i mercatini di Natale

Gennaio:

• Riposo nell'alveare

• Controlli settimanali per verificare la presenza di danni
esterni all'alveare

• Pulisce e ripara gli strumenti e le attrezzature, nonché i
telai, le arnie, le pareti centrali, ecc. per mantenerli in
buona forma.

• Ottenere informazioni attraverso corsi di apicoltura
online, libri di saggistica e conferenze.

• Ottenere i materiali necessari per il prossimo anno apistico.

Febbraio:

• Controlli settimanali per verificare la presenza di danni
esterni all'alveare

• Preparare, riparare o costruire nuovi telaini e arnie

• Rimozione delle carcasse invernali dal terreno

• Rimuovere immediatamente le colonie morte e sciogliere i favi

Marzo:

• Osservi il foro di volo: Quando le api volano fuori? La colonia si sta già occupando della covata?

• All'inizio della stagione calda, esegua con cautela i primi controlli sull'alimentazione e reintegri le scorte, se necessario.

• Controllare sistematicamente l'adattamento della camera di cova: Allargare il nido di covata in modo controllato

• Unificazione di popoli orfani o deboli

• Continuare a rimuovere le colonie morte

• In caso di svernamento a due cellule, rimuova le camere di covata inferiori, ormai vuote.

• Pulizia e disinfezione dei telai usati

• Rifinitura dei telai e delle parti dell'alveare rimanenti

• Preparare il materiale per la prossima stagione

Aprile:

• Controlli le scorte di foraggio all'inizio del mese: dovrebbero essere disponibili circa cinque-otto chili per proteggersi da eventuali ondate di freddo.

• Controlli settimanalmente le cellule della regina

• Allestisca le camere del miele tra la metà e la fine del mese.

• Inserisca la cornice del drone tra la metà e la fine del mese.

Maggio:

• Controlli settimanalmente la colonia di api
• Quando inizia la sciamatura, rimuova le api per creare nuove marze più piccole (cupping).
• Alternativa: consentire alle api di sciamare e catturare le cellule di sciame che si sono formate.
• Tagliare le cornici dei droni ogni quindici giorni
• Estensioni tempestive della camera del miele
• Allevare le regine
• Prima raccolta del miele, anche per prevenire la sciamatura

Giugno:

• Formazione di propaggini: lo sviluppo di una colonia di grandi dimensioni favorisce la moltiplicazione
• Controlli le cellule della regina almeno una volta alla settimana
• Tagliare le cornici dei droni ogni quindici giorni
• Allevare le regine
• Portare la scatola di accoppiamento al seggio elettorale
• Secondo raccolto di miele

Luglio:

• Controlli le cellule della regina almeno una volta alla settimana
• Continuare la coppettazione
• Preparare l'ultimo raccolto di miele

- Controllare il carico di acari e trattare i parassiti
- Controlli il livello di alimentazione e di covata delle colonie, regoli la quantità di api rimuovendo la covata.
- Creare nuove colonie con regine allevate

E ora - via all'alveare!

Questo libro potrebbe darle una visione dettagliata dell'apicoltura, dell'anatomia e della fisiologia e del comportamento dell'ape da miele. Tuttavia, è solo all'inizio della sua carriera e all'inizio delle infinite conoscenze che può ottenere come apicoltore per migliorare costantemente e rendere giustizia alle sue api. Approfitti di tutte le offerte della sua associazione di apicoltori: Aggiornamento, formazione o accesso alla biblioteca dell'associazione.

Trovare un mentore apistico è una raccomandazione assoluta. Un apicoltore esperto al suo fianco può salvarla da molti errori da principiante e quindi garantirle divertimento e piacere con le sue api.

Se il suo hobby cresce e prospera al punto da pensare di vendere il miele per scopi commerciali, si ricordi anche che questo rientra nella Legge sugli Alimenti e deve soddisfare determinati requisiti. Continui la sua formazione e acquisisca un certificato di competenza. La sua associazione di apicoltori può aiutarla in questo senso.

Infine, non dimentichi mai che l'apicoltura deve essere divertente. Si goda le sue api e svolga il suo lavoro con curiosità e interesse. Alla fine, non c'è niente di più bello di una colonia di api sana e forte - e il miele avrà un sapore ancora più buono di quello che ha già, perché l'ha prodotto completamente lei!

(Con l'aiuto delle sue api, naturalmente!).

Elenco dei termini tecnici

A

- Prole: giovane colonia che l'apicoltore ha prelevato da un'altra colonia per evitare la sciamatura. Una marza consiste solitamente in diversi telai con pareti centrali in un'arnia vuota, a cui vengono aggiunti diversi favi di covata. Vengono prese in consegna anche le api attaccate.

- Feromone di allarme: le api guardiane emettono questo feromone quando la colonia viene attaccata. Questo avverte le altre api e il nemico viene marcato dal feromone.

- Colonia vecchia: una colonia che ha svernato con successo per almeno un anno. Chiamata anche colonia economica.

- Peste americana: malattia batterica delle api causata da *Paenibacilus larvae larvae*. Una malattia animale soggetta a notifica.

- Api nutrici: Api operaie di età compresa tra 4 e 10 giorni che si prendono cura della covata.

- Apis mellifera: il nome scientifico dell'ape da miele.

- Operaia: numericamente il tipo più potente nella colonia di api. Femmina, svolge tutti i lavori nell'alveare, tranne la deposizione delle uova (regina) e l'accoppiamento (fuchi).

- Il primo raccolto dell'anno, portato in primavera, viene utilizzato per lo sviluppo della colonia.

B

- Ape costruttrice: operaia responsabile della costruzione del favo. Si caratterizza per la ghiandola di cera attiva sull'addome.

- Punteggiatura: La regina depone le uova, chiamate spilli, nei favi di covata preparati. Il processo si chiama cova.

- Arnia: l'alloggiamento delle api fornito dall'apicoltore. L'arnia a rivista è la forma più comune.

- Ape: La colonia di api nella sua interezza, insieme ai depositi e al favo, è chiamata ape. Questo chiarisce che l'intera colonia lavora come un'unità.

- Pane delle api: miscela di polline, miele acerbo e secrezioni digestive delle api, conservata sul bordo della mangiatoia.

- Ape regina: ape femmina che è l'unica ape della colonia ad essere fertile e a poter deporre le uova. Si prende cura di tutta la prole della colonia.

- Pascolo delle api: somma di tutte le fonti di polline disponibili per le api.

- Covata: la prole della colonia di api. Comprende uova, larve e pupe.

- Arnia di covata: Forma della prole, formata dall'apicoltore. Contiene la covata in tutti gli stadi: uova, larve, pupe.

- Nido di covata: nucleo della colonia di api. Qui viene allevata la covata. È il luogo in cui di solito si trova la regina.

- Camera di covata: la parte dell'alveare in cui si trova il nido di covata.

- Pettine di covata: la parte del pettine, nelle colonie più grandi ci sono diversi favi, che la regina utilizza per deporre le uova.

C

- Chitina: polisaccaride di funghi, artropodi e insetti. Forma la struttura e la stabilità dell'esoscheletro.

D

- Drone: ape maschio che si sviluppa da un uovo non fecondato. Il suo unico compito è quello di accoppiarsi con una regina di un'altra colonia. Il drone muore durante il processo.

- Telaio per droni: Un telaio preparato in modo tale che le api vi allevino principalmente larve di fuco.

E

- Induzione: una regina inserita nella colonia dall'apicoltore. Il processo si chiama induzione.

- Esoscheletro: lo scheletro esterno degli artropodi. Opposto allo scheletro interno dei vertebrati. È formato da chitina.

F

- Corpo grasso: organo paragonabile al fegato. Necessario, tra l'altro, per sintetizzare la cera.

- Foro di volo: l'apertura di ingresso e di uscita dell'alveare. Con poche eccezioni, è sempre aperto per consentire alle api di entrare e uscire in volo.

- Anello di alimentazione: alimentazione diretta nelle immediate vicinanze del favo di covata. Serve a nutrire direttamente la regina e la covata.

G

- Pappa reale: chiamata anche secrezione della ghiandola della testa, pappa reale. Prodotta dalle api nutrici per nutrire la regina e la larva che si trasforma in regina. Tutte le larve di api ricevono questo succo alimentare per i primi 3 o 4 giorni. Successivamente, solo la regina.

- Gemüll: un tipo di ispezione delle canne in cui i resti sulla piastra vengono ispezionati per la diagnosi della salute e l'ispezione generale delle canne.

- Sacco velenifero: situato nella parte posteriore dell'addome, contiene il veleno e fa parte dell'apparato pungente. Si svuota quando viene punto. Una volta svuotata, il veleno non viene più reintegrato. L'apparato pungente, compresa la sacca velenifera, viene strappato quando viene punto un mammifero, attraverso la sua pelle più spessa. L'ape muore durante il processo.

H

- Emolinfa: equivalente del sangue degli insetti. Trasporta nutrienti, ormoni, calore e prodotti di degradazione.

- Vescica del miele: una sorta di raccolto alla fine dell'esofago. Serve per conservare e trasportare il miele. Il miele dalla vescica del miele può essere rilasciato all'esterno attraverso la proboscide.

- Melata: escrezioni degli afidi delle foglie e della corteccia. Miscela di zucchero e acqua.

I

- Imago: insetto adulto.

- Inoculazione: utilizzata per avviare il processo di cristallizzazione in alcuni tipi di miele.

J

- Giovani: persone emerse nel corso dell'anno solare in corso.

K

- Kairomoni: sostanze messaggere che non sono feromoni. Vengono utilizzate per la comunicazione tra specie diverse. I kairomoni delle api vengono captati dagli acari, ad esempio.

- Sostanza regina: secrezione delle ghiandole mandibolari della regina. Agisce come feromone e promuove la coesione della colonia.

- Sciame artificiale: possibilità di formare un rampollo della propria colonia. La sciamatura viene simulata per garantire un nuovo inizio della colonia che sia il più vicino possibile alla natura. Non vengono prelevati né covata né altri favi dalla vecchia colonia.

L

- Telaio vuoto: Telaio senza parete centrale e senza filo. Utilizzato dalle api come opzione di costruzione naturale.

M

- Arnia da rivista, o rivista in breve: consiste in un pavimento, almeno un telaio e un tetto. Adatta per ospitare le api. Dopo aver rimosso il tetto, ogni favo può essere estratto individualmente dall'alto.

- Parete centrale: una piastra di cera d'api prodotta artificialmente che viene appesa nei telai per facilitare la costruzione dei favi da parte delle api.

N

- Cella di ricreazione: dopo la perdita di una regina, la colonia può allevare una nuova regina, a condizione che ci siano larve nella colonia che non abbiano più di tre giorni. I favi larvali vengono convertiti in celle di ricreazione.

- Costruzione naturale: viene effettuata dalle api in telai vuoti. Viene effettuata senza una parete centrale predefinita. È considerata la forma più originale di costruzione del favo.

- Nettare: liquido zuccherino dei fiori della maggior parte delle piante. Viene utilizzato per attirare le api, che utilizzano il nettare come cibo.

O

- Volo di orientamento: i primi voli che le api compiono fuori dall'alveare. Dopo il trasferimento o dopo la schiusa, non appena l'ape dell'alveare diventa un'ape da volo.

P

- Feromoni: sostanze messaggere e attrattive delle api, che vengono rilasciate all'esterno e servono alla comunicazione dell'alveare.

- Polline: chiamato anche polline. Utilizzato per la riproduzione sessuale nelle piante, diffuso dalle api in volo. Raccolto dalle api come fonte di proteine.

- Pane di polline: vedere pane delle api

- Propoli: la resina di mastice delle api. Viene raccolta dalle scaglie delle gemme di alcune specie arboree, soprattutto pioppo, betulla, ontano e castagno. Si aggiungono saliva e cera. Serve a sigillare il bastone contro le correnti d'aria e l'umidità. Ha un effetto antibatterico.

- Ape pulitrice: ape direttamente dopo la schiusa. I compiti si limitano alla pulizia dell'alveare, soprattutto dei favi di covata.

Q

- Quacking: le regine in cova nelle celle della regina emettono questo suono per verificare se c'è ancora una vecchia regina nell'alveare.

R

- Volo di pulizia: le api non defecano nell'alveare. Per eliminare gli escrementi, effettuano voli di pulizia.

S

- Ape raccoglitrice: ape responsabile della raccolta della vite. La fase finale dello sviluppo delle api.

- Danza della coda: forma complessa di comunicazione. Le api informano i compagni dell'alveare sulla qualità e sulla quantità della fonte del polline.

- Sciamatura: La sciamatura, ossia la formazione di uno sciame di api, avviene quando la colonia diventa troppo grande per l'abitazione attuale. Una parte della colonia si allontana e cerca una nuova casa.

- Cella di sciame: anche cella della regina. Una cella di covata in cui viene allevata una nuova regina.

- Affumicatore: utensile che produce fumo che viene diretto nell'alveare per calmare le api.

- Ape estiva: ape nata in estate, incubata tra marzo e agosto. Il tempo di sopravvivenza è di circa 6 settimane.

- Miele varietale: miele monovarietale proveniente dalla raccolta di singole specie vegetali.

- Api da traccia: esploratori delle api. Cercano nuove fonti di miele o abitazioni durante la sciamatura.

- Ape dell'alveare: tutte le operaie nei primi 20 giorni di vita. Durante questo periodo non lasciano l'alveare.

- Mappa dell'alveare: la contabilità dell'apicoltura, in cui viene annotato tutto ciò che riguarda la rispettiva colonia di api.

- Scalpello per alveare: tipico strumento dell'apicoltura. Piccolo scalpello di metallo per allentare i telai e le cornici incastrate e per tagliare la struttura naturale.

T

- Apiario: l'insieme di tutto il polline, il nettare e la melata. La base nutrizionale della colonia di api e la base di un buon raccolto di miele.

- Trachtlücke: La mancanza di un numero sufficiente di

viti per sostenere la colonia. Spesso nelle zone rurali, quando il raccolto di massa delle colture agricole è terminato.

- Trofallassi: alimentazione sociale. È così che le api si scambiano il contenuto delle loro vescichette di miele. Non si tratta solo di uno scambio di cibo, ma soprattutto di feromoni e informazioni. La sostanza regina viene distribuita nella colonia attraverso la trofallassi.

U

- Riposizionamento: Sostituzione della regina dalla colonia. La reimpollinazione silenziosa avviene con una vecchia regina, anche senza l'intervento dell'apicoltore.

V

- Acaro Varroa: Varroa destructor: parassita delle api, oggi presente in quasi tutte le apicolture.

W

- Nido d'ape: I nidi delle api sono composti da diversi favi. I favi hanno diversi compiti. Vengono utilizzati per la conservazione del miele e per l'allevamento sicuro della covata. I favi di miele sono utilizzati per conservare il miele, quelli di covata per allevare la covata.

- Weisel: un'altra parola per indicare l'ape regina.

- Ape invernale: api nate tra agosto e settembre. Vivono fino a marzo/aprile dell'anno successivo e quindi hanno un'aspettativa di vita significativamente più lunga rispetto alle api estive.

- Colonia economica: vedere Antica colonia

Z

- Telaio: parte dell'arnia rivista. Nei telai sono appesi i telai con i favi.

- Gabbia di aggiunta: una piccola gabbia per l'ape regina per facilitare l'aggiunta a una nuova colonia ed evitare l'uccisione della regina da parte della colonia.

© Sabine Graß 2022

1ª edizione

Contatto: Psiana eCom UG/ Berumer Str. 44/ 26844 Jemgum

Disegno di copertina: Fenna Larsson

Foto di copertina: depositphotos.com

www.ingramcontent.com/pod-product-compliance
Lightning Source LLC
Chambersburg PA
CBHW061444150726

47987CB00001B/334